DREMA
BUILDER

筑梦集

DREMA BUILDER

雷永忠建筑创作选

图书在版编目（CIP）数据

筑梦集 : 雷永忠建筑创作选 / 赵炜，丑国珍主编
. — 成都 : 四川大学出版社，2023.11
（筑·系列）
ISBN 978-7-5690-6431-5

Ⅰ. ①筑… Ⅱ. ①赵… ②丑… Ⅲ. ①建筑设计—作品集—中国—现代 Ⅳ. ①TU206

中国国家版本馆CIP数据核字（2023）第217916号

书　　名：筑梦集·雷永忠建筑创作选
　　　　　Zhumengji·Lei Yongzhong Jianzhu Chuangzuoxuan
主　　编：赵　炜　丑国珍
丛 书 名：筑·系列

选题策划：王　睿
责任编辑：王　睿
责任校对：胡晓燕
装帧设计：赵若粟　墨创文化
责任印制：王　炜

出版发行：四川大学出版社有限责任公司
　　　　　地址：成都市一环路南一段24号（610065）
　　　　　电话：（028）85408311（发行部）、85400276（总编室）
　　　　　电子邮箱：scupress@vip.163.com
　　　　　网址：https://press.scu.edu.cn
印前制作：成都墨之创文化传播有限公司
印刷装订：四川盛图彩色印刷有限公司

成品尺寸：212mm×212mm
印　　张：6
字　　数：101千字

版　　次：2023年11月 第1版
印　　次：2023年11月 第1次印刷
定　　价：158.00元

本社图书如有印装质量问题，请联系发行部调换

扫码获取数字资源

四川大学出版社
微信公众号

序一

在漫漫的人生道路上，路人匆匆而过，但在行进中却有人给你朦胧的双眼以璀璨的光芒。在有幸认识和跟随雷永忠先生的日子里，我感受到了他崇高的思想境界和高尚的人格魅力。他不但是一位阅历厚重、学识渊博的学者，还是一位既有风度又有温度，和蔼可亲、精神矍铄的长者。在初创建筑系时，他对事业孜孜不倦的追求，无私和倾其所有的奉献精神，对我及系里年轻同志的关爱和培养，让我们终生难忘。

雷永忠先生是四川大学建筑学专业的初创者及引领者，他的建筑作品反映了他对事业的执著和对生活的热爱。尤其是他为成都科技大学设计的城环大楼，为历年来莘莘学子对建筑创作的追求提供了最直接的范例。他渊博的学识和对建筑设计的赤诚之心将永远在建筑系师生中传承。

时光流逝，四川大学建筑系在他的引领和带动下终于有了今天的发展，我想要说的是：雷老师，您永远是我学习的榜样。

周波

2023.5

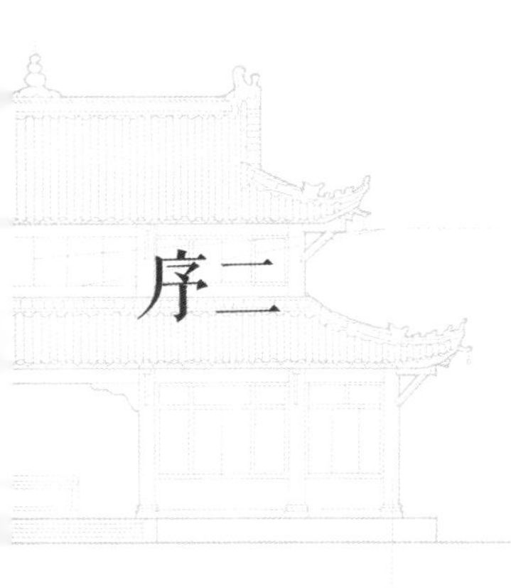

序二

雷老师是前辈，为四川大学建筑系做出了开拓性的贡献。

雷老师无疑是那个时代的佼佼者。给我印象很深的是，这本册子收录的几乎所有图纸，包括平、立、剖面都是手绘而成，尺寸标注和细部表达都很到位，显示出建筑师的深厚功底。特别是青城山月沉山庄的立面和什邡玉佛寺鸟瞰两张钢笔表现图，比例尺度精确，建筑布局依山就势，与环境融为一体，画面的意象亦呈现了中国传统建筑追求的美学境界。这样的场景就是建筑的精髓！雷老师也是一个现代主义者，如成都科技大学城环大楼、安顺宾馆、贵州工学院的图书馆和食堂等，都是现代主义建筑的优秀案例，体现了对时代精神的追求和与地域条件的结合。希望四川大学建筑系能够将这种精神发扬光大！

罗隽

2023.5

前言

雷永忠先生于1987—1994年担任成都科技大学（现四川大学）建筑系的首任系主任。2022年春节前夕，编者与建筑系首届学子一同拜访雷老师，被老先生儒雅谦逊、淡泊优雅的气质所打动，后续又惊喜地收集到了他的部分成果。收录的两篇论文，清晰地勾勒出雷老师对建筑与环境、建筑与文化的深刻理解，折射出他个性鲜明的建筑创作理念。完成于不同年代的大量设计图纸与建成作品，展示了老一辈建筑师的扎实功底与深邃才思。作为四川大学建筑系的首任系主任，雷永忠先生面对着拓荒者势必面临的诸多困难，其中包括为新专业建设教学空间的挑战，而城环大楼即为雷先生教育事业和职业生涯的代表作之一。我们不难想象，建筑学人逐梦、筑梦的理想是如何历经种种艰辛而变成现实的。

将雷先生的作品编辑、整理成书，作为《筑梦集》系列的第一部，不仅仅是寻根溯源，表达对成都科技大学首任系主任的敬意，更是为了激励和祝福建筑系师生们不断去追逐并实现学术与创作梦想。希望《筑梦集》能持续地捕捉到每一位建筑系师生的精彩。本书中收录的部分设计作品创作于20世纪七八十年代，当时国家曾推行“二简”字，设计图中采用当时用法，为尊重历史，保留作品原貌，设计图中字未做修改，请读者自行甄别。

我一生坎坷波折，对建筑的喜爱，让我在艰难困苦的岁月里不觉困苦、不觉孤独。这也是我现在面对老去时内心安然的因缘。

雷永忠

雷永忠，成都科技大学（现四川大学）教授。1953年考入重庆建筑工程学院（现重庆大学）建筑系建筑学专业，1958年毕业后分配至贵州工学院（现贵州大学）建筑系任教。1987年调动至成都科技大学，创办建筑系，担任系主任至1994年退休。

目录

建筑环境——个性塑造的源头

风景建筑中的『道法自然』

学术文章

建筑环境——个性塑造的源头

两幢高校教学楼设计浅析

营造建筑总是有一定目的的。它必须创造出适应特定环境的空间实体以满足某种活动的要求，这是建筑具有的基本特点。建筑作为物质产品，建筑师的构思会受建筑环境、功能、经济、技术等因素的制约，而这些因素又必然反映在建筑的空间和形体构成上。从艺术的角度来看，建筑具有强烈的观赏价值，它反映在建筑的空间和形体构成上。从精神文化的角度来看，它反映出时代、地域、文化背景等特征。高品味的建筑有较强的艺术感染力，使人产生联想，令人振奋愉悦。若人长期待在缺乏艺术性的空间中，可以说是一种“精神虐待”。

建筑只作为物质实体满足简单的使用要求是远远不够的，其精神属性更加重要，这就对建筑师提出了更高的要求。第一，要求建筑师具有创造力，也就是创作“灵感”，而“灵感”是构思建筑“原型”的思想火花。第二，要求建筑师具有文化素养、设计哲学、艺术技巧、个人风格、经验等，它们是表现“原型”的必要条件。

创作“灵感”并不是纯抽象的东西，设计师往往可以找到触发设计“灵感”的媒介，那就是与建筑及建筑师相关的各种因素。

这些因素中，功能、技术、经济是不太“活泼”的，建筑师的修养、风格、艺术功力对建筑师本人来说也是相对稳定的，而建筑环境才是最“活跃”，也是最能激发建筑师创造力的因素。从国内外一些知名建筑师的作品可以看到：赖特设计的“草原别墅”顺应和强化了自然环境，成为环境中不可分割的部分；贝聿铭设计的“美国国家美术馆东馆”“卢浮宫扩建工程”则巧妙安排在已形成的特殊环境中，成为画龙点睛之笔；戴念慈设计的“阙里宾舍”紧靠曲阜孔庙，建筑师从孔庙这一重要的人文景观中找到设计灵感，营造出了清新而古朴的“阳春白雪”。再从建筑环境看，布正伟在设计“重庆航空港”时，充分考虑了炎热地区通风、散热、遮阴等问题。因此，建筑师虽然在设计时所关注的重点不同，设计出的方案也是多姿多彩的，但其基本点都是围绕环境展开。

贵州工学院教学主楼

贵州工学院地处贵阳近郊，学校四周群山环绕，南面透过山谷隐约可见“阿哈”水库。校内地形高低起伏，清澈的雅河从中流过。山和水是学校天然的围墙，农户田畴与校舍互相渗透，“共享”于巨大的空间环境中。春末夏初，校园内绿意盎然，处处充满生机，远山近水皆入图画；入冬以后，寒冷的细雨和呼啸的北风冻结了大地，学校更显得地广人稀，几幢五层高的教学实验楼仿佛迷失在漫天飞雪之中。记得年轻的我在冬天晚上答疑归来，四周静得出奇，走在半明半暗的路灯下，心中总会不自觉地想起两句唐诗——“千山鸟飞绝，万径人踪灭”，心想自己要是一只候鸟该多好！

教学区位于学校的中心位置，在贯穿东西向的主轴线两侧，对称布置着20世纪60年代初修建的四幢教学实验楼，实验楼的中心有一个140m×76m的大水池。教学区向东约200m的小山坡上为1984年建成的图书馆。整个教学区没有教学主楼，显得“群龙无首”。盼了二十多年的教学主楼拟建在主轴线西端的终点上。它应该是什么样的呢？基于对环境的深刻认识，我在构思之初就明确了主楼的兴建不只是为了改善办学条件，还起着改善教学区和整个学校面貌的作用，它统率着整个建筑群步入现代化。教学主楼以山作底景，建筑环境更显空旷而豪放。拟建教学主楼主体为地面十三层加地下一层的塔式结构，包括电教中心共1800m^2。在构思塔楼的形体时，我首先排除了板状体，因东西向的板式塔楼只会加深教学区呆滞的印象，造成较封闭的室外空间，且恶化了日照、通风条件；而南北向的板式塔楼则更不可取，单薄的山墙作为主立面，在空旷的群山之中会显得没有重心。新的塔楼要在特殊的环境中“立得稳”，一定要强调它高大的形状，从各个角度望去都有一定的份量。当然，仅有份量还不够，还必须强调它的重要性、独特性。因此，教学主楼的体形除高大外还必须显得生动，充分体现出它的时代感。基于上述构想，我做了两个方案参加投标，最终人字形塔楼方案中标并被学校定为实施方案。人字形塔楼具有理想的面宽与开阔的前景，直线与曲线的组合显得柔中带刚、生动活泼。整幢大楼位于3m高的台地上，更显高大挺拔，给人的感觉犹如张开双臂拥抱自然。

在细部处理上，教学主楼用厚重的栏板、实墙面等使建筑显得厚重。裙房的山墙层层内收，坚实的墙面上只开一小洞。在色彩处理上，由于贵阳冬季阴雨天较多，教学主楼外立面以白色为基调，在中间连接部分的栏板上，用橘红色马赛克从上到下、由深到浅做退晕处理，增强了建筑的光影效果。在室外环境处理上，将主楼前的大台阶设计成内凹的半圆形，台阶前为半伸入水池的圆形广场，临水设有瓣状休息空间。圆形广场四周设有草皮、灯柱、栏杆等景观小品，构成丰富多彩的休息、集会、活动空间。

教学主楼建成后，贵州工学院的校园环境大为改观。新建的主楼高大、挺拔，具有强烈的时代感和生动的表现力。

贵州工学院教学主楼

成都科技大学城环大楼

成都科技大学城环大楼与贵州工学院教学主楼所处的环境截然不同。成都科技大学位于成都市市区，附近学校密集。城环大楼西临即将建成的科技一条街，东面为大楼主入口。城环大楼位于学校新校区边缘位置，在校内只是一幢中等规模的建筑，因此，无论从重要性还是从周围的环境来看，城环大楼并不是校园的主角，不需要过分表现自身，只要以谦和文静的态度站在适当的位置上，丰富美化校园和城市的环境即可。

成都科技大学一教楼（现四川大学行政楼）建于20世纪50年代初，是一幢复古的建筑，位于进入北校门的主轴线上。一教楼虽不高大，但比例极佳，在人们心目中已成为科大的象征。因此，在设计城环大楼时，除明确周围的环境对它所起的作用外，与一教楼的呼应也是非常必要的。但是重复一教楼那种复古的手法，时代感就消失了，那是不可取的，而浓缩一些符号，用“贴标签”的方式也觉不妥。因此，在空间处理上借鉴传统的手法，在造型上求“神似”。在设计城环大楼时，采用了中国民居中围绕轴线布置进院落的空间布局手法。东西主轴线上布置了门廊、门厅、中庭、内院、连廊及外庭院，由外到内逐渐过渡。内庭院紧靠通透的中庭，以架空的连廊围合成开敞的四合院，外庭院与内院似隔非隔，西面敞开，内外互相渗透，冲淡封闭的感觉。庭院地坪由东向西逐渐降低，营造空间序列效果。大楼外形虽方整，但设有休息平台、连廊及屋顶花园，形成丰富多变且高低错落的室外空间。城环大楼东面与西面一实一虚，开敞的西面作庭院的进风口，有效避免了西晒。由于大楼外形简洁，因此在细部上进行了一些处理。东面入口采用了一连串的拱形门廊，经抽象变形后的拱板具有一定的“传统熟识性”，颇具新意。大楼东立面上部层层出挑、互相穿插，能联想到传统木构，恰似梁柱至屋顶的转换。设计自始至终不是简单地模仿和堆砌古典的形式，而是从轴线的运用、空间处理、隐喻手法等去体现传统，赋予它较高的文化内涵与文脉精神。大楼西面临街处仅有架空的连廊与展览厅，透过虚的界面可见内院的绿树、水面，西墙只开有少量的小方窗，充分展示了虚实的对比，配上最前端的八角形报告厅及二层高的环保实验室，更显层次分明。远处望去，城环大楼体态端庄文雅，细部推敲适度，具有文化建筑之内涵。

两幢大楼虽因资金短缺，工期拖得很长，但都投入使用了。但是，由于用户的更换等造成图纸修改，往往动到一些“关键”之处，使得设计者的初衷没有完整呈现，因此也留下许多遗憾。如城环大楼由内到外流畅的过渡，因设计图变更加上了一道高墙，无疑切断“血管”，使大小组合的空间变得单调。原设计的中庭下沉式的地坪被拉平了，跑马廊与门厅加上两道隔墙，空间的流动性不见了，界定空间的手法原始了……不足之处虽然很多，但总体效果还是好的，思路也当是正确的。

成都科技大学城环大楼

编者注：原文发表于《成都科技大学学报》，1993年第5期，出版时有删改。

风景建筑中的“道法自然”

青城山“月沉山庄”设计杂谈

建筑的创作过程是与环境相互协调的过程，建筑以一种适当的空间模式和外部形象实现了人与自然的和谐。建筑本身不仅具有使用价值，其作为一种文化载体，还必须符合人们的艺术审美情趣。这在风景建筑中尤为重要，因为风景建筑本身即是自然环境的延伸和扩展。

自然的重塑

自然环境对风景建筑来说具有双重意义。风景建筑依附于自然环境而存在，在设计建筑的过程中，人们努力去适应和效法自然，以此来实现与自然的和谐。通过巧妙的设计，建筑景观可以与周边环境更好地融为一体，让建筑拥抱自然，与自然共生。人类通过改造自然的活动，逐步形成了自然文化观。它是人类按自身文化价值使自然为己所用的活动准则。这种自然文化观最早可追溯到商周时期，那时我们的先人就已经开始利用自然的山泽、水泉、树木、鸟兽进行初期的造园活动。几千年来，我国的自然文化观逐渐走向成熟，形成了中国风景建筑中一套完整的营造法则和体系。它是我们文化遗产中的瑰宝。

自然中的人文环境

人类在利用和改造自然的过程中渗透了人类文明的精神内涵。在某些旅游景区，人文景观的价值甚至在自然景观之上。“山不在高，有仙则名。水不在深，有龙则灵”说的就是这个道理。素有“青城天下幽”之称的青城山，海拔一千余米，山上虽无奇峰异石，但却拥有美丽的自然景观。沿游览道拾级而上，山中绿树遮天蔽日，鸟音蝉鸣不绝于耳，衬托出特有的幽静气氛。青城山前山为道教胜地，有“天师洞”与“上青宫”两座重要的道观。由于“道”强调建筑效用中无形的部分，其布局为主体建筑结合附属用房，廊道及多进庭园共同构成的建筑群体空间。道观与自然环境有机结合，形成完美的人文自然景观。“月沉山庄”选址在青城山山门内，前临“月沉湖”，背依“丈人山”，山庄周围青山滴翠、碧水微波，宁静而悠闲。山庄基址为缓坡地段，前后高差二十余米。设计时借鉴了道观的空间布局，顺应自然地形，采用低层爬坡纵深展开的群体组合方式进行设计，最终的设计效果为两进院落围合成三组建筑群。两层高的建筑群由于地形起伏而使建筑空间更显错落有致。景深不同的斜坡青筒瓦屋面、封灿墙与卷棚屋顶，构成了自然流畅的建筑轮廓，使山庄融于一种和谐的自然美之中。在山庄中部偏右的制高点上建有“望月亭”，登亭望远，湖光山色尽收眼底，望月亭本身成为环境中的重要景观之一。

月沉山庄不仅要实现人与自然的和谐共生，还要以完善的功能满足游客在物质、生活方面的需求，是融各种功能于一体的复合空间。月沉山庄临湖面人流较多，设有小卖部、茶园、舞厅、餐厅等。一层平台及二层挑廊面向“月沉湖”，湖水含蓄沉静。背靠“丈人山”的后院疏密有致地设置了四种不同档次的客房以满足不同消费群体的需求。月沉山庄前庭由三个似隔非隔的小院组成，其中布置有花草树石及小鱼池，精致小巧。在较大的后院中，荷塘垂柳与楼台亭榭共同营造出别样的景观效果。

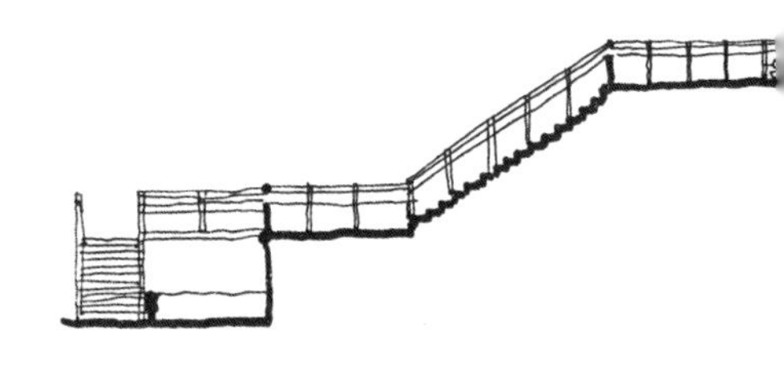

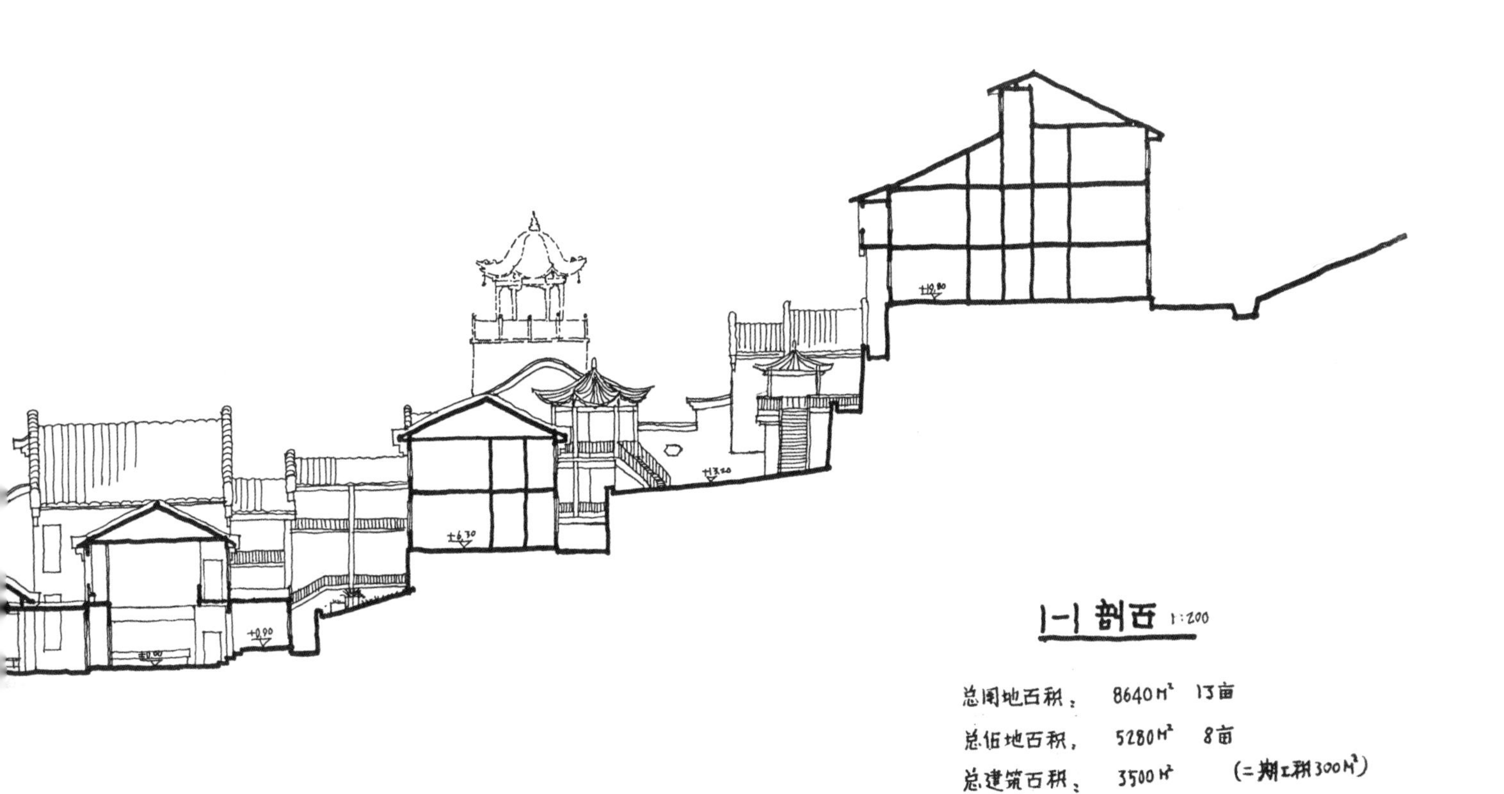
1-1 剖面 1:200
总用地面积： 8640M² 13亩
总占地面积， 5280M² 8亩
总建筑面积： 3500M² (二期工程300M²)

图 1

拿到月沉山庄的设计任务后，我深感棘手，因为中国风景建筑营造体系已非常完善，很难于构思中有所突破。要达到建筑与自然的和谐统一，充分实现其使用价值和观赏价值，有举足维艰之感。最后只有抛开自我，抛开经验的约束，遵循“道法自然”的规律，寻求一种自在的过程，以求达到人、自然、建筑三者的有机结合。

编者注：原文发表于《成都科技大学学报》，1993 年第 5 期，出版时有删改。

图2

青城山月沉山庄

什邡玉佛寺

什邡赤兔寺

云南弥陀寺

成都科技大学留学生楼

成都科技大学城环大楼

贵州工学院建筑

综合楼

水粉手绘

设计手稿

青城山月沉山庄

歌舞（午）庭前情切切，

荷塘深院月沉沉。

荷塘深院月沉
月沉山庄

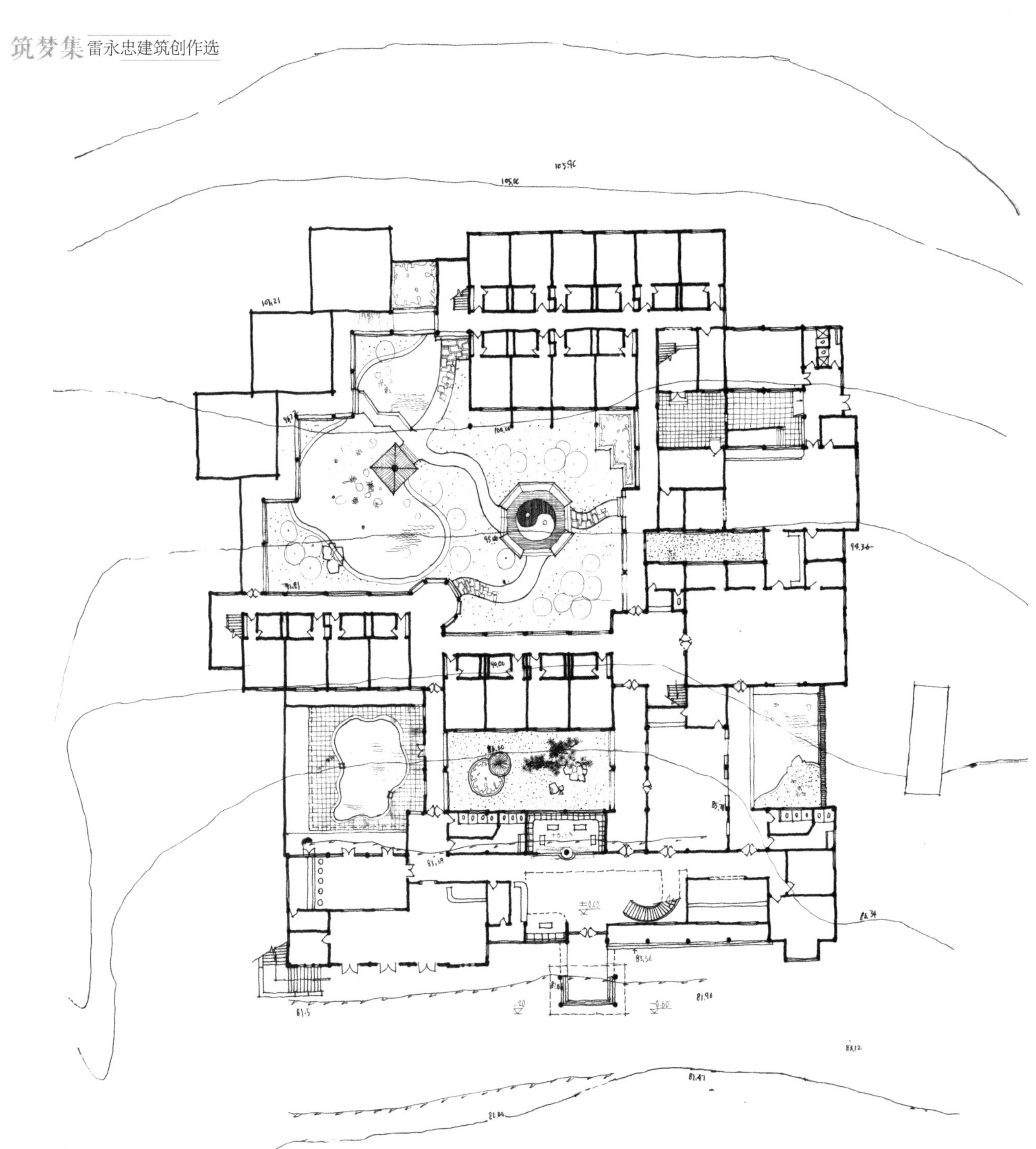

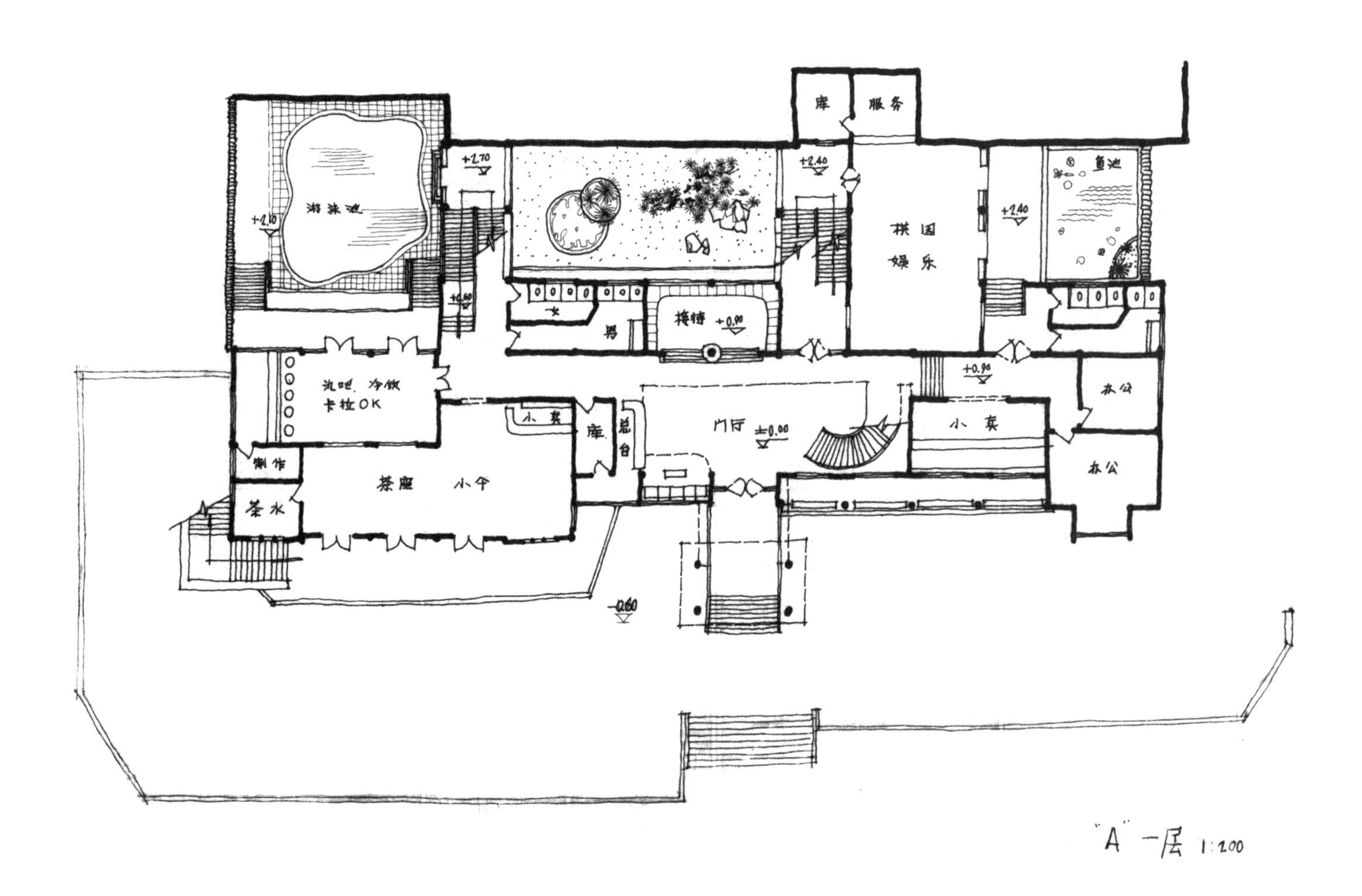
库
服务
+2.70
+2.40
游泳池
+2.10
棋园
娱乐
鱼池
+2.40
+0.60
女
男
接待 +0.90
水吧 冷饮
卡拉OK
小卖
库
总台
门厅 ±0.00
+0.90
小卖
办公
办公
制作
茶座
茶水
-0.60

"A" 一层 1:200

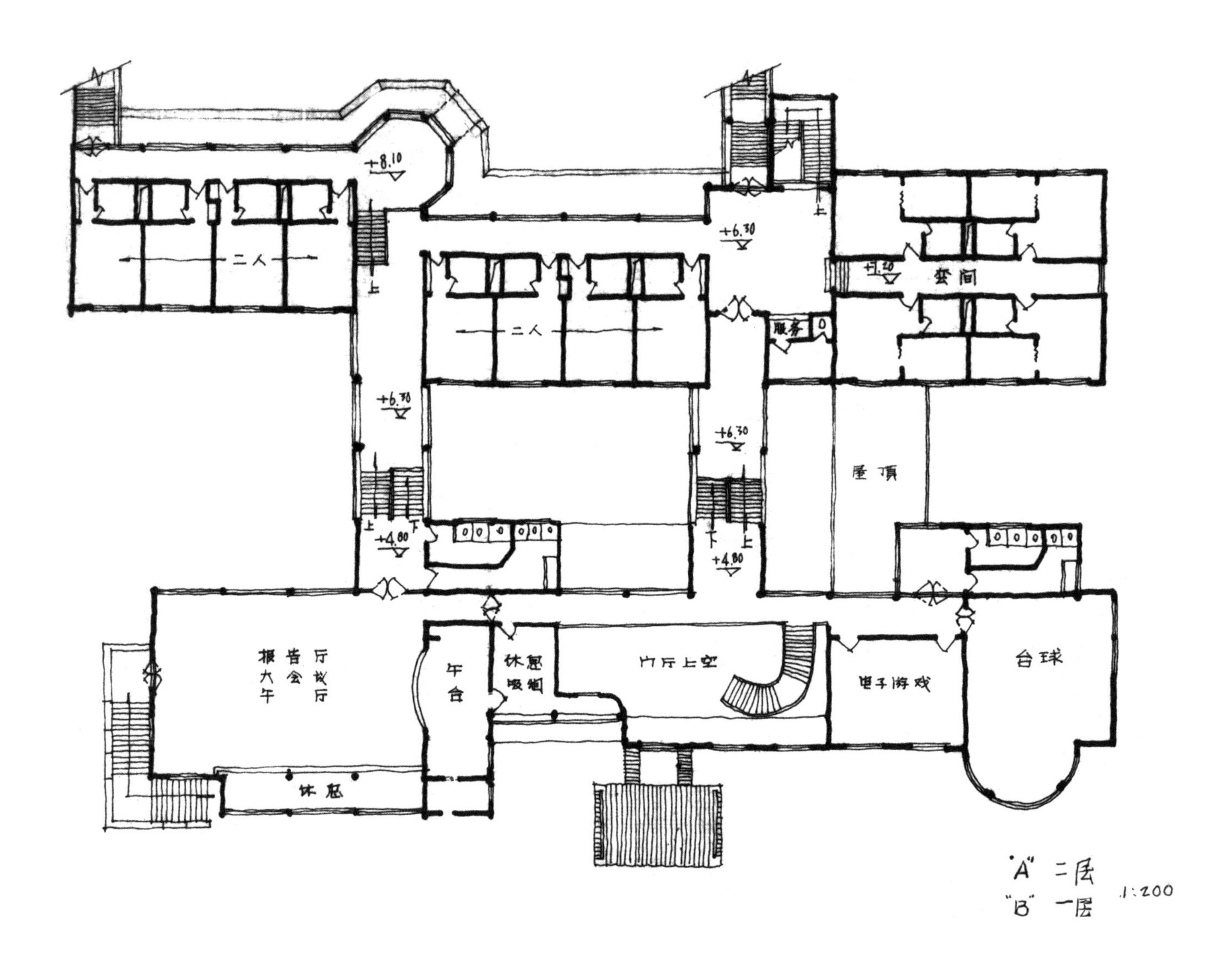
+8.10
二人
上
+6.30
套间
服务
+6.30
二人
+6.30
屋顶
上
+4.80
下
下
上
+4.80
报告厅
大会议
午 厅
午台
休息
吸烟
门厅上空
电子游戏
台球
休息
"A" 二层
"B" 一层
1:200

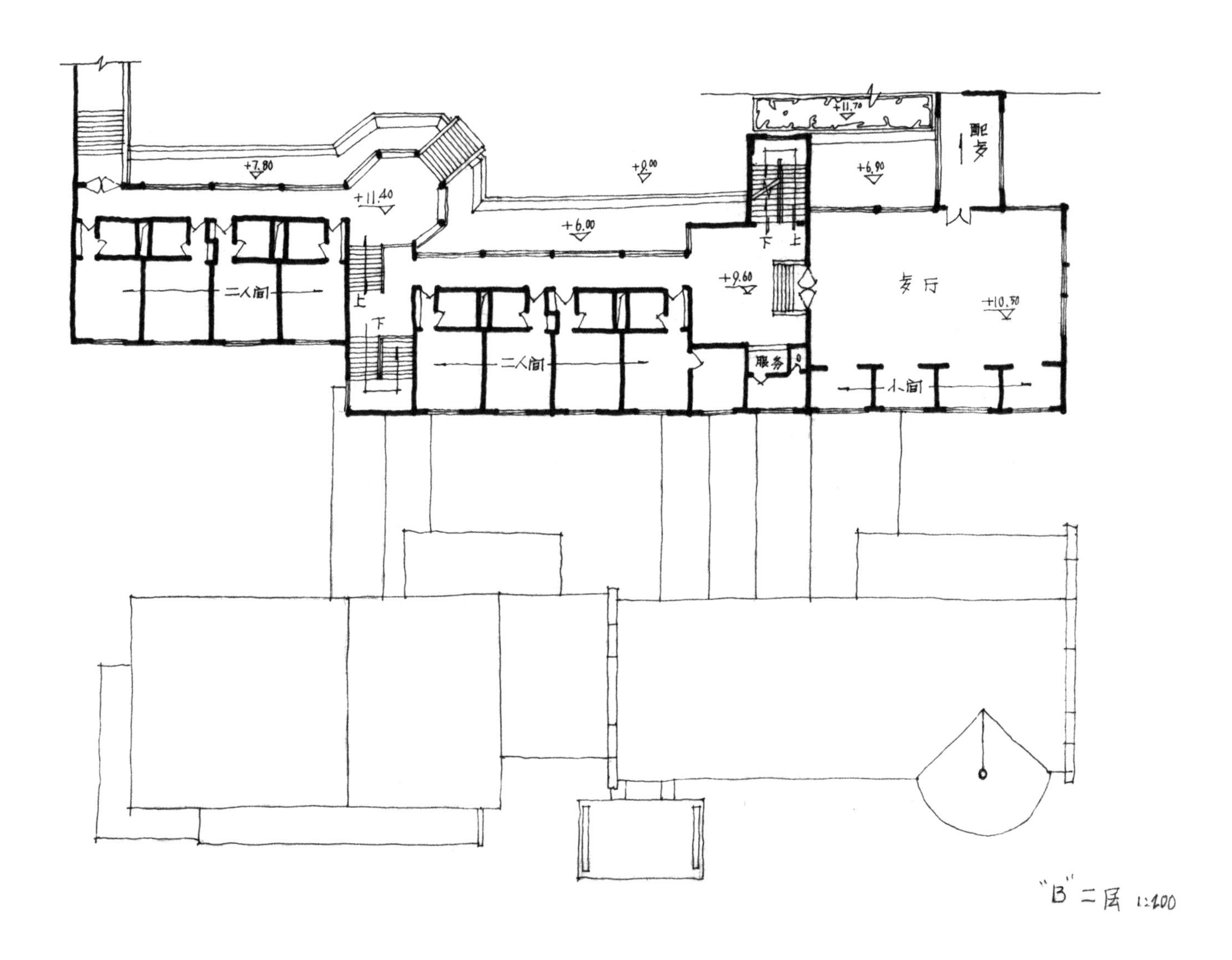
+7.80
+11.70
+8.00
+6.90
配餐
+11.40
+6.00
下
上
+9.60
餐厅
+10.50
二人间
上
下
二人间
服务
小间
"B"二层 1:200

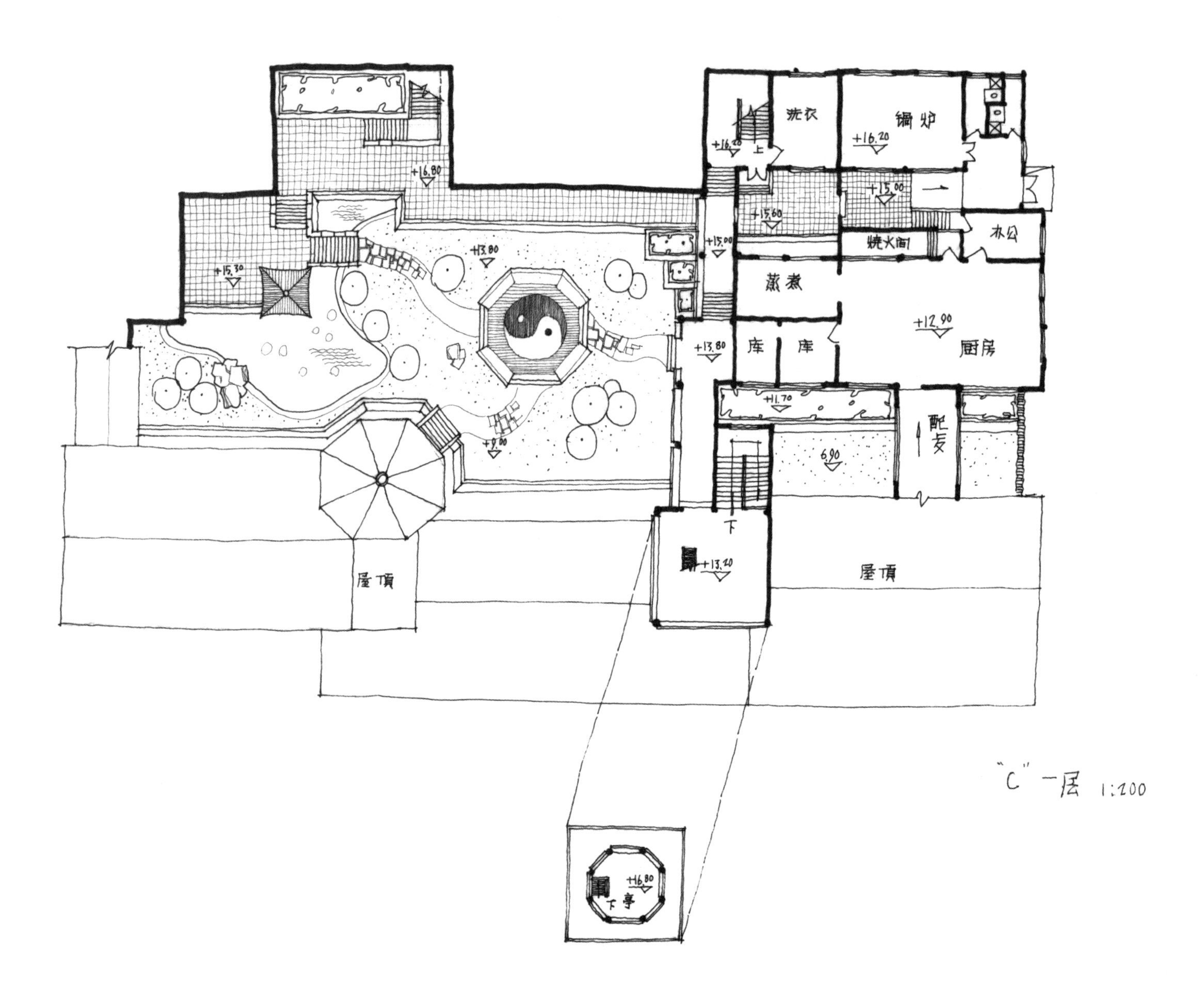
洗衣
锅炉
+16.20
上
+16.80
+15.00
+15.60
+15.00
烧火间
办公
+13.80
+15.30
蒸煮
+12.90
厨房
库
库
+13.80
+11.70
6.90
下
+13.20
屋顶
屋顶
+16.80
下亭

“C”一层 1:200

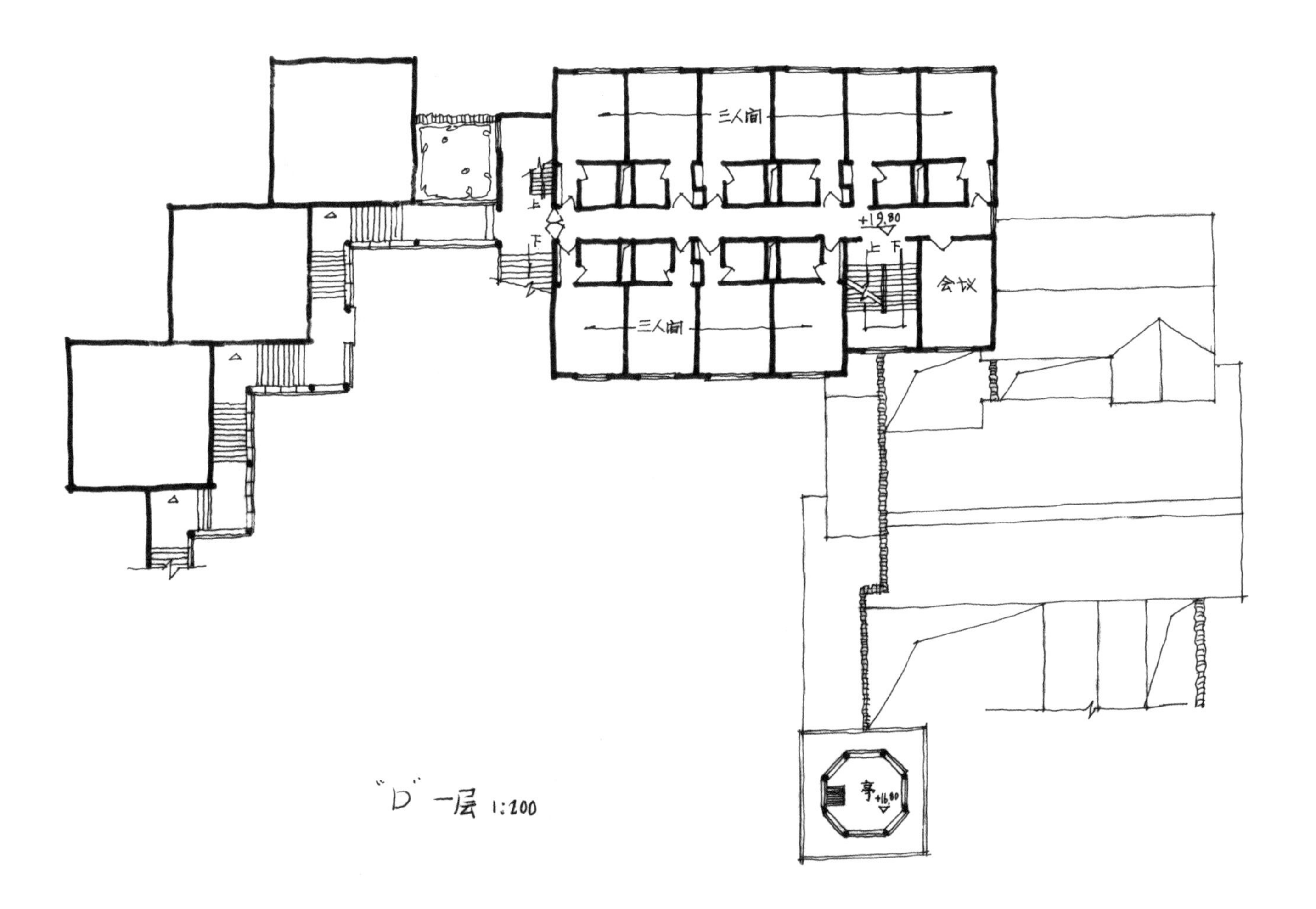
三人间
上
下
+19.80
上 下
会议
三人间
亭
+16.80
"D"一层 1:200

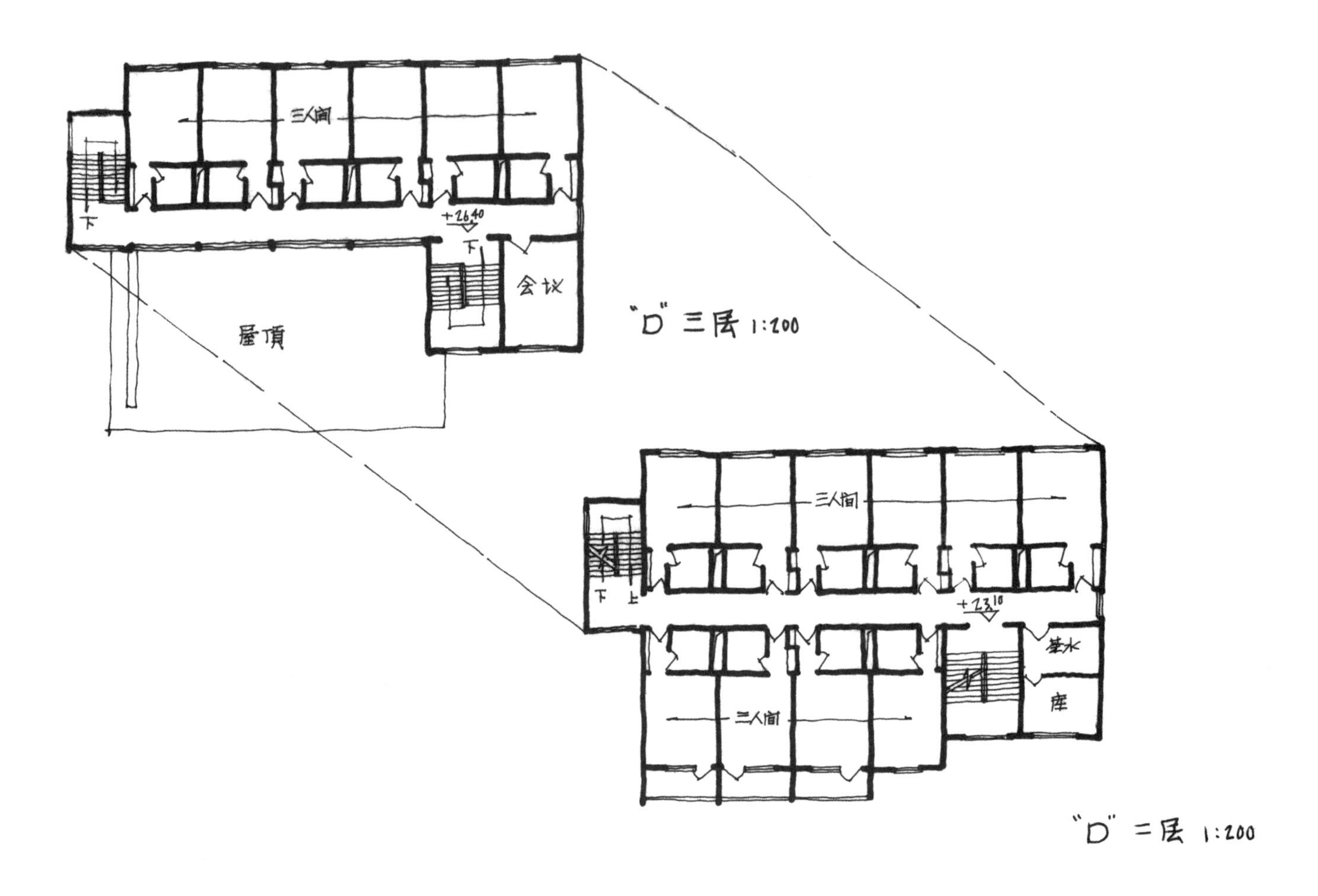
三人间
下
+26.40
下
会议
屋顶
"D" 三层 1:200
三人间
下 上
+23.10
茶水
库
三人间
"D" 二层 1:200

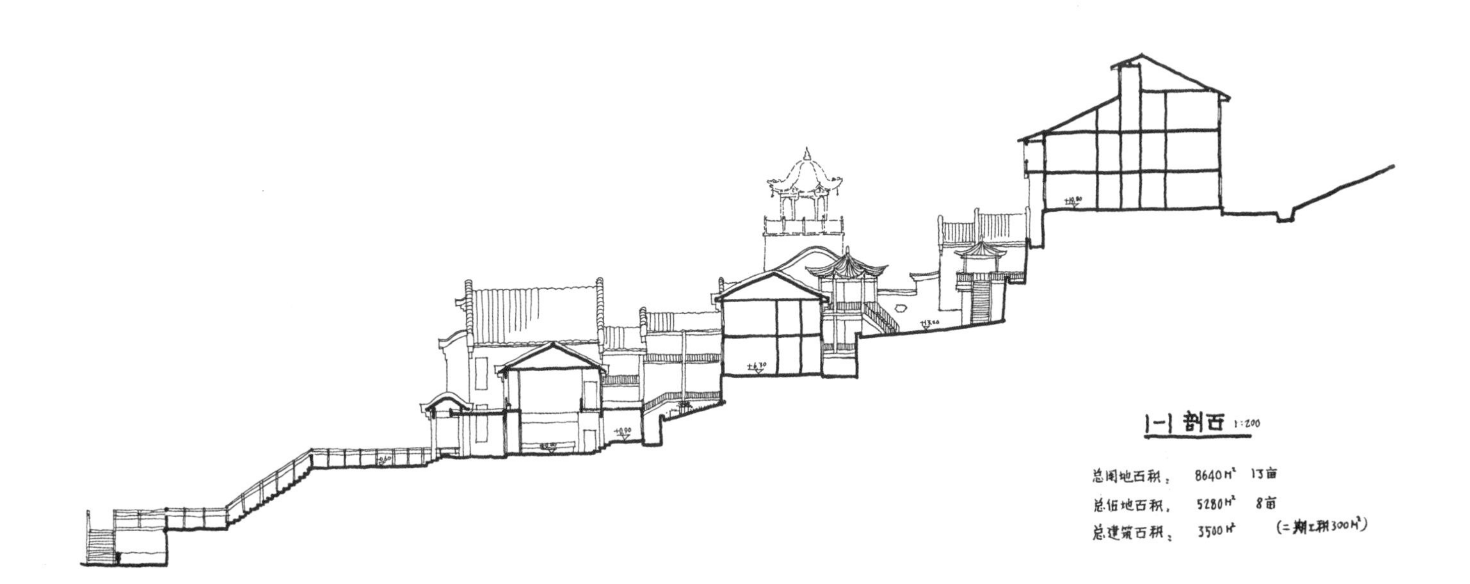
1-1 剖面 1:200
总用地面积： 8640M² 13亩
总占地面积， 5280M² 8亩
总建筑面积： 3500M² (二期工程300M²)

什邡玉佛寺

前台花发后台见，
上界钟声下界闻。
遥想吾师参禅处，
天香桂子落纷纷。

荷台花发满台见
上界钟声下界闻
遥想吾师参禅处
天香桂子落纷纷
一九九六年三月
玉佛
什邡玉佛寺

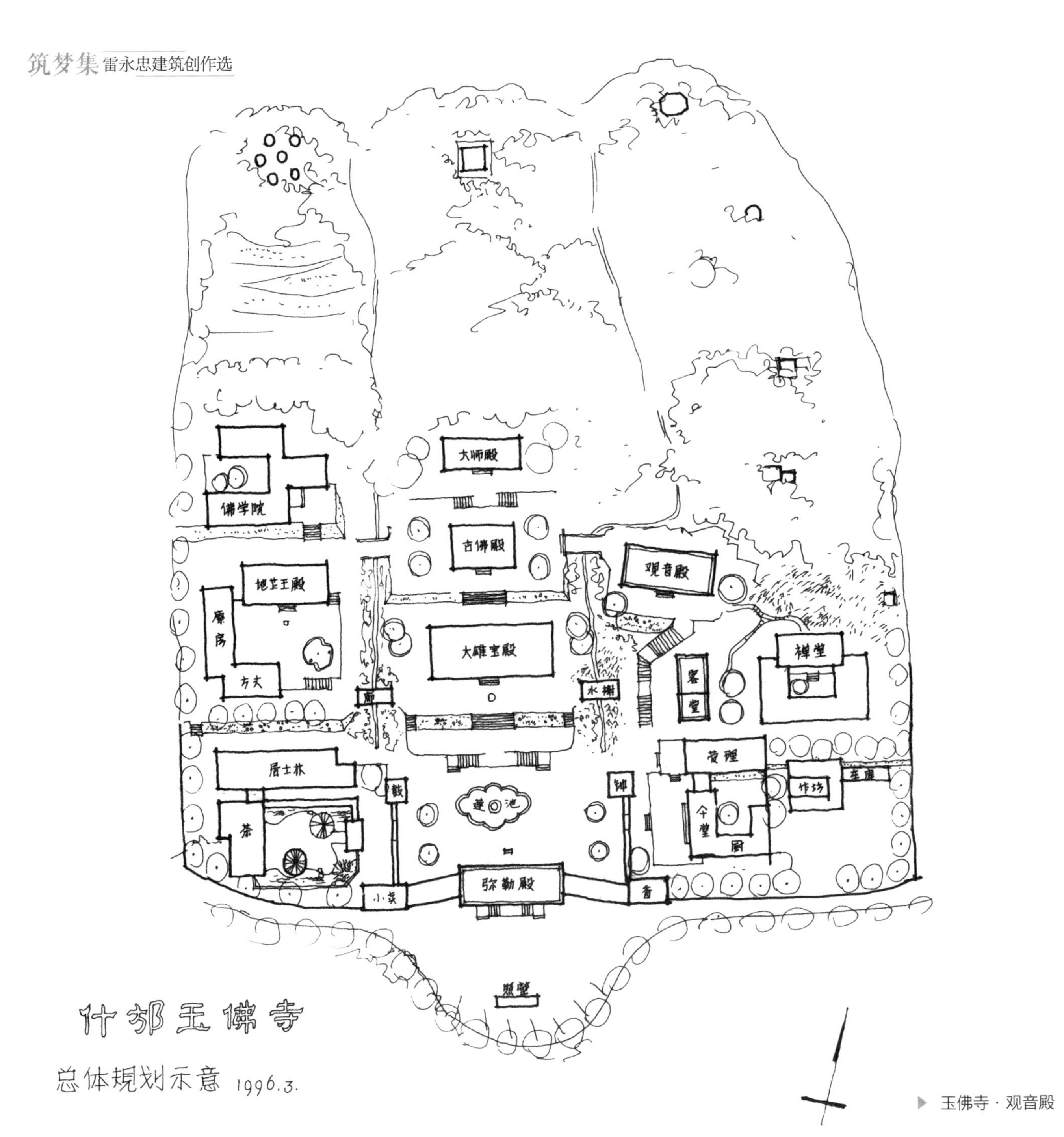
大师殿
佛学院
古佛殿
地藏王殿
厢房
方丈
大雄宝殿
观音殿
禅堂
客堂
水榭
廊
居士林
鼓
莲池
钟
管理
作坊
车库
厨
茶
小卖
弥勒殿
香
照壁
什邡玉佛寺
总体规划示意 1996.3.

▶ 玉佛寺 · 观音殿

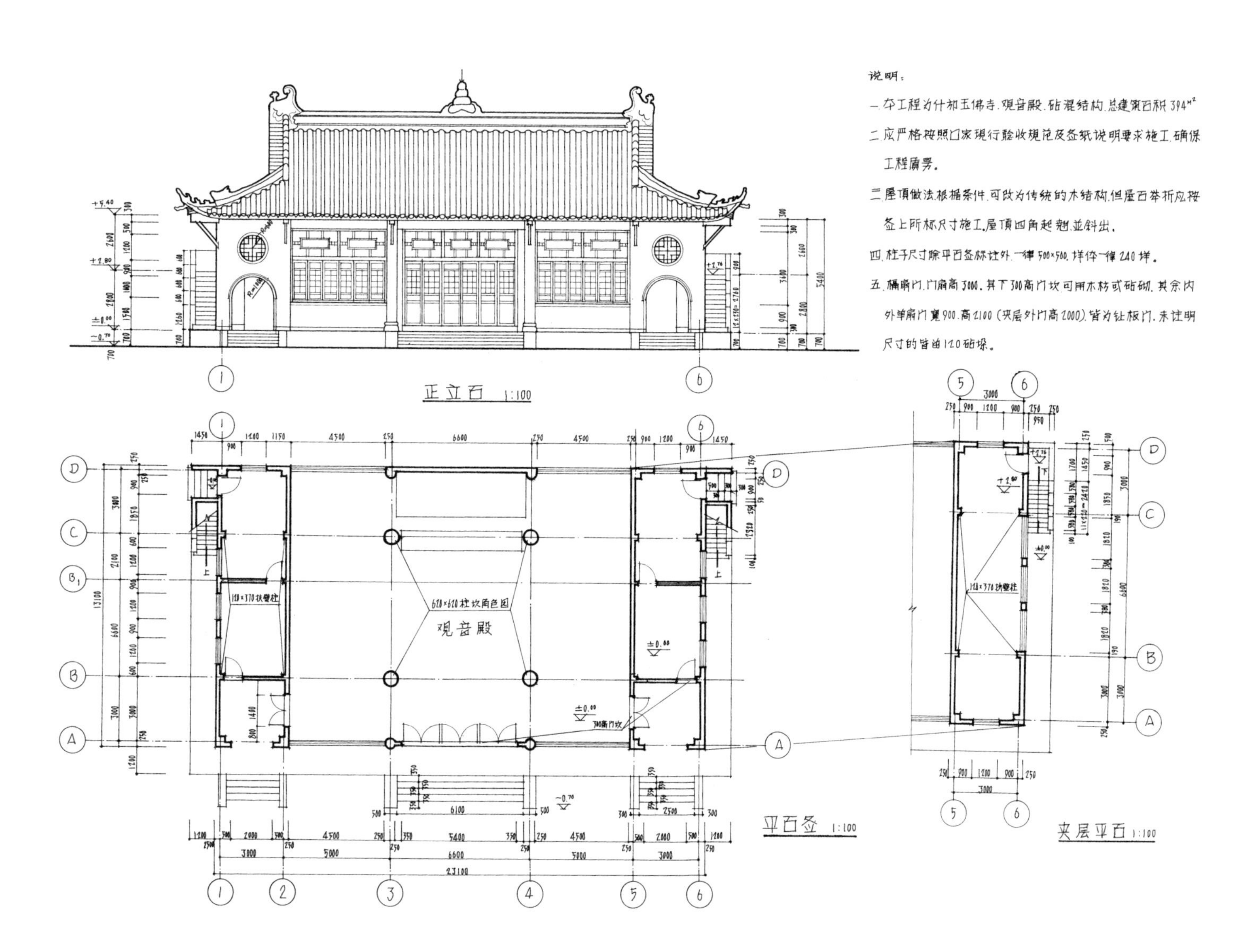
说明：
一.本工程为什邡玉佛寺.观音殿.砖混结构.总建筑面积394M²
二.应严格按照国家现行验收规范及图纸说明要求施工.确保工程质量。
三.屋顶做法根据条件.可改为传统的木结构.但屋面举折应按图上所标尺寸施工.屋顶四角起翘.並斜出。
四.柱子尺寸除平面图标注外.一律500×500.墙体一律240墙。
五.槅扇门.门扇高3000.其下300高门坎可用木枋或砖砌.其余内外单扇门宽900.高2100（夹层外门高2000）.皆为拼板门.未注明尺寸的皆由120砖墙。
正立面 1:100
平面图 1:100
夹层平面 1:100
观音殿
120×370扶壁柱
300高门坎
23100

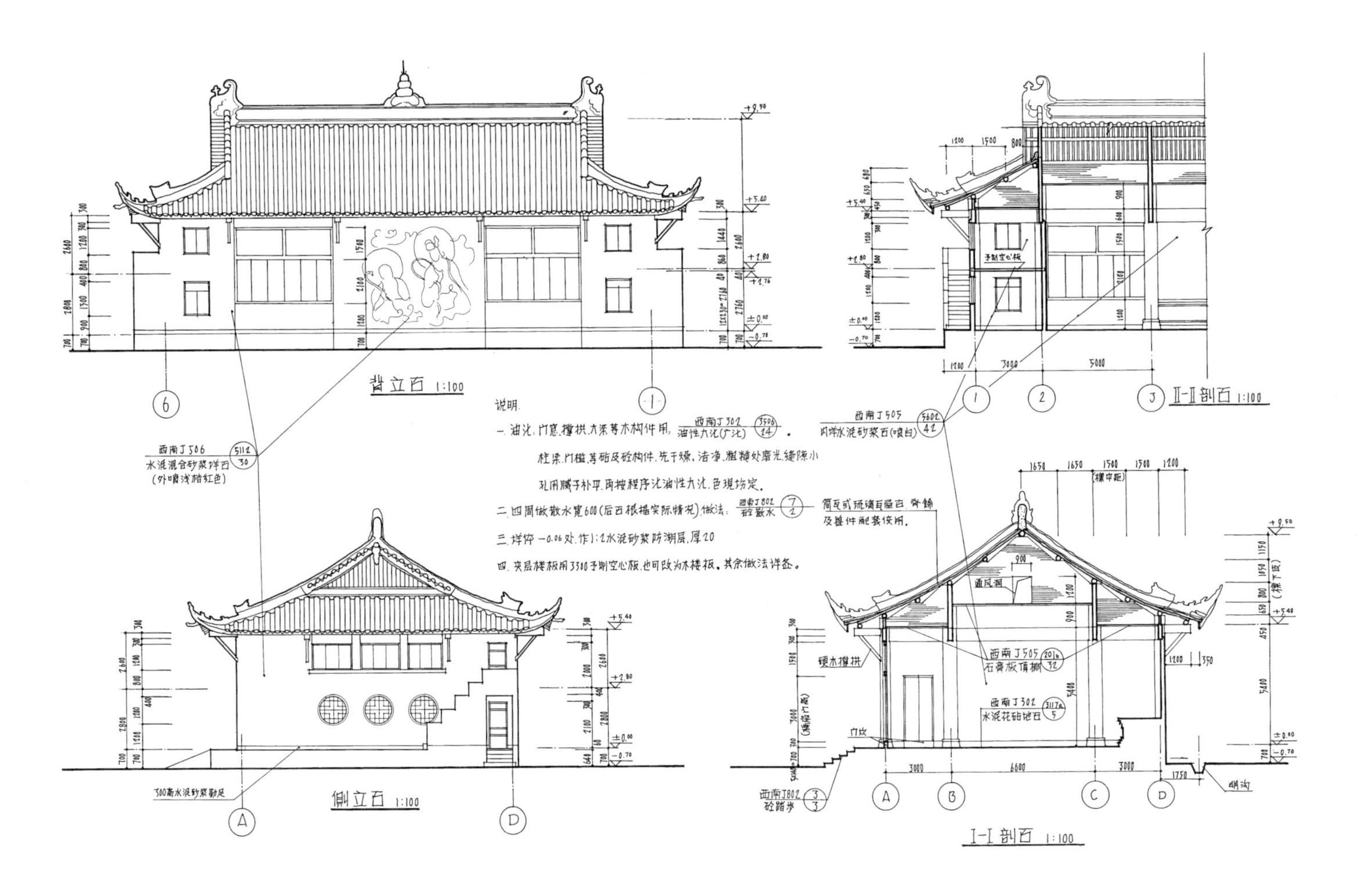
背立面 1:100
Ⅱ-Ⅱ剖面 1:100
侧立面 1:100
Ⅰ-Ⅰ剖面 1:100
说明
一、油漆：门窗、撑拱、大梁等木构件用 西南J302 油性调和漆(广漆) 3506/14。
柱梁、门槛等砖及砼构件，先干燥、洁净，粗糙处磨光，缝隙小孔用腻子补平，再按程序漆油性调和漆，色现场定。
二、四周做散水宽600(后面根据实际情况)，做法：西南J802 砼散水 7/2
三、墙体-0.06处，作1:2水泥砂浆防潮层，厚20
四、夹层楼板用3300予制空心板，也可改为木楼板。其余做法详图。
西南J506 水泥混合砂浆饰面(外喷浅桔红色) 5112/30
西南J505 同样水泥砂浆面(喷白) 5602/42
筒瓦或琉璃瓦屋面，脊饰及兽件配套使用。
予制空心板
通风洞
硬木撑拱
西南J505 石膏板顶棚 2016/32
西南J302 水泥花砖地面 3117a/5
门坎
西南J802 砼踏步 3/3
300高水泥砂浆勒脚
明沟

玉佛寺 · 观音殿

什邡赤兔寺

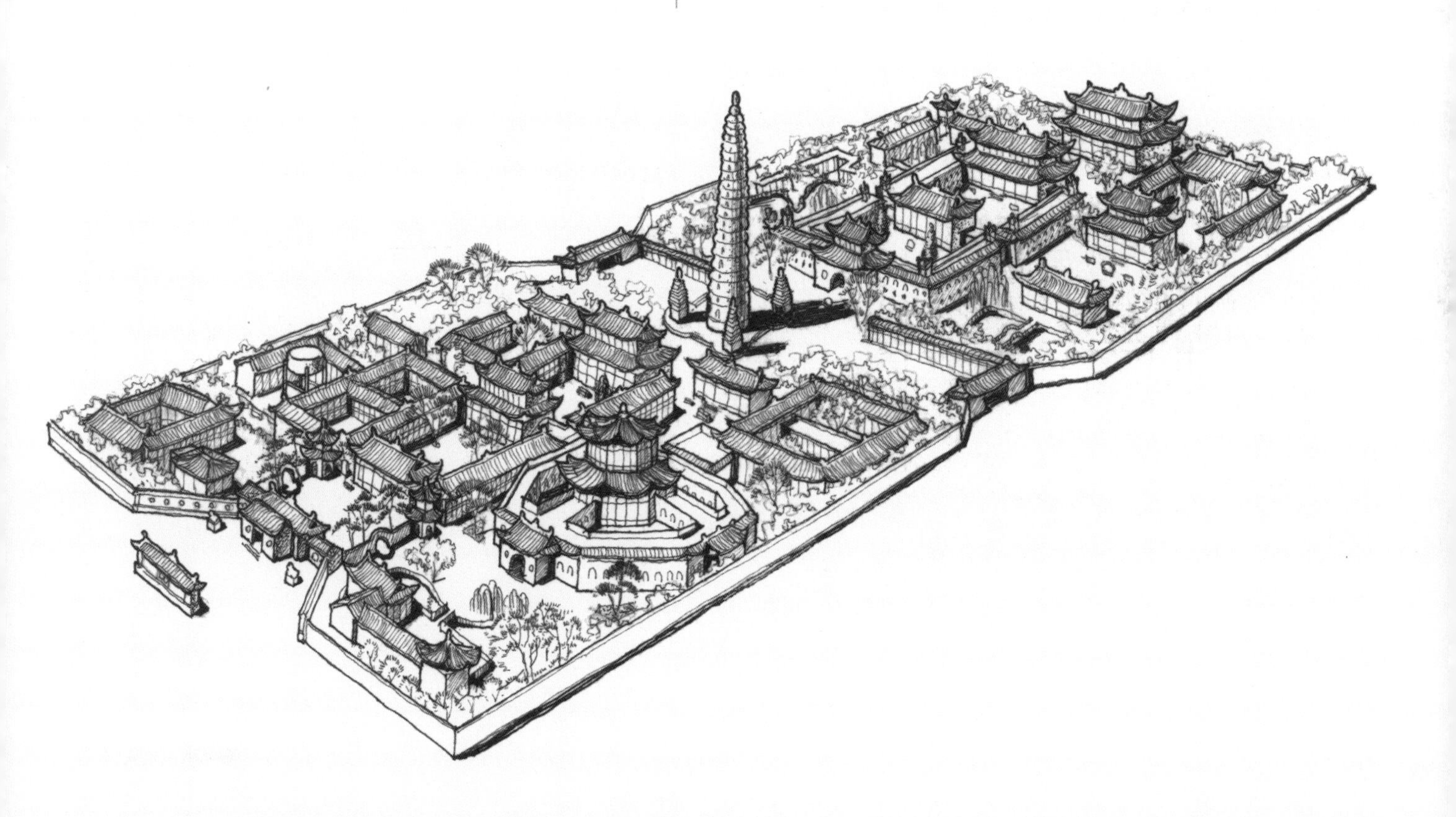

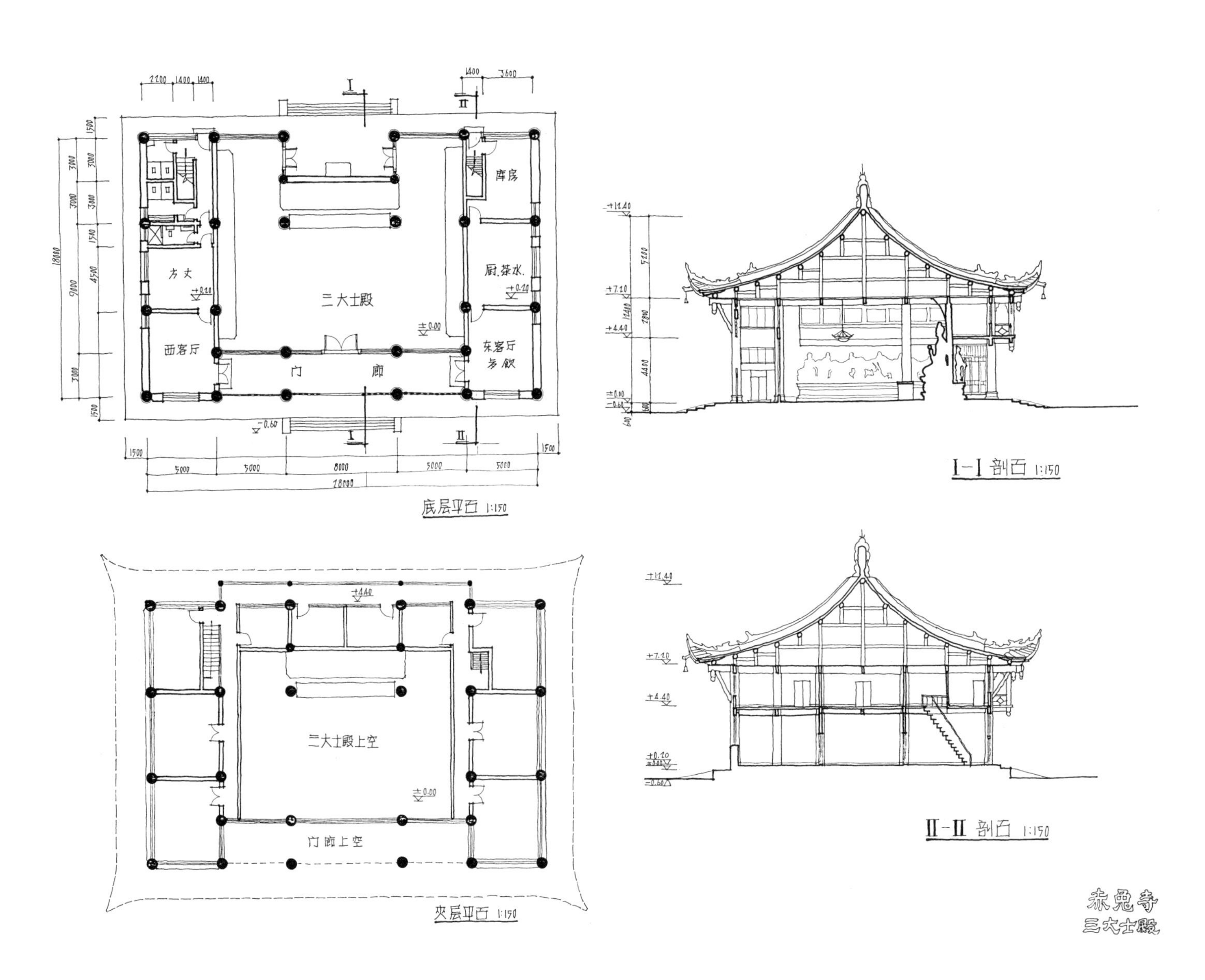
方丈
三大士殿
西客厅
门 廊
库房
厨.茶水.
东客厅
乡飲
底层平面 1:150
I-I 剖面 1:150
三大士殿上空
门廊上空
夹层平面 1:150
II-II 剖面 1:150
赤兔寺
三大士殿

赤兔寺 · 三大士殿

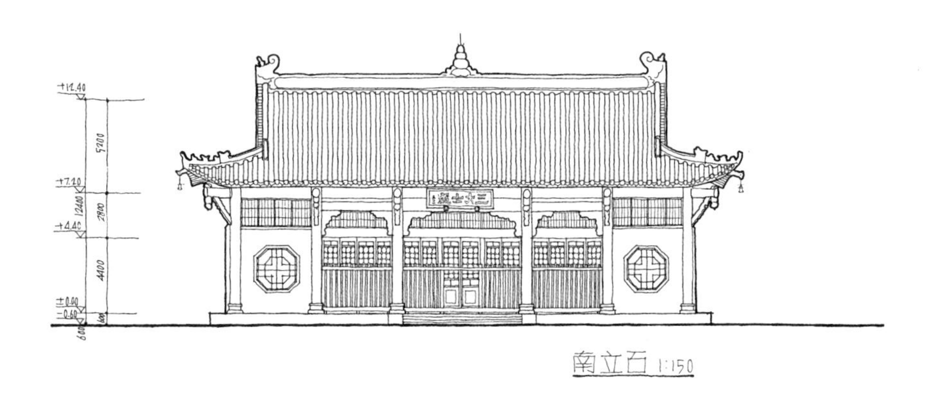
+11.40
5200
+7.20
12400
2800
+4.40
4400
±0.00
-0.60
600
南立面 1:150

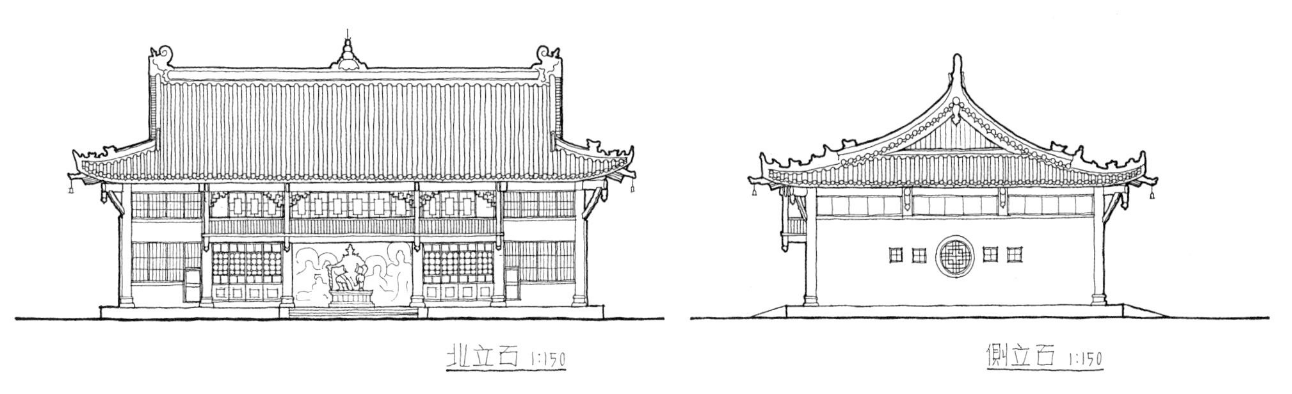
北立面 1:150
侧立面 1:150

赤兔寺
2 三大士殿

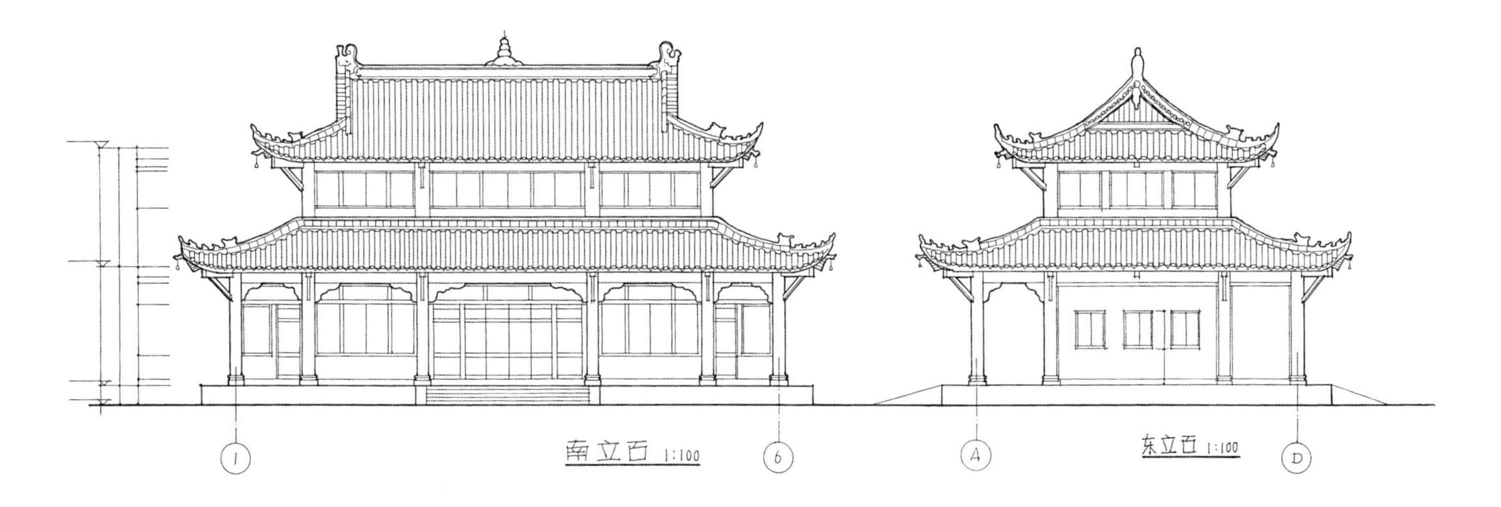

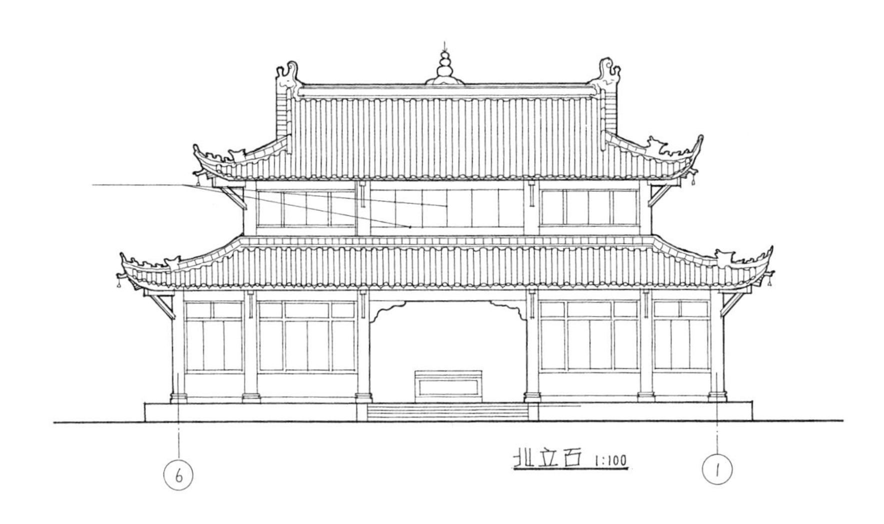

赤兔寺 · 大雄殿

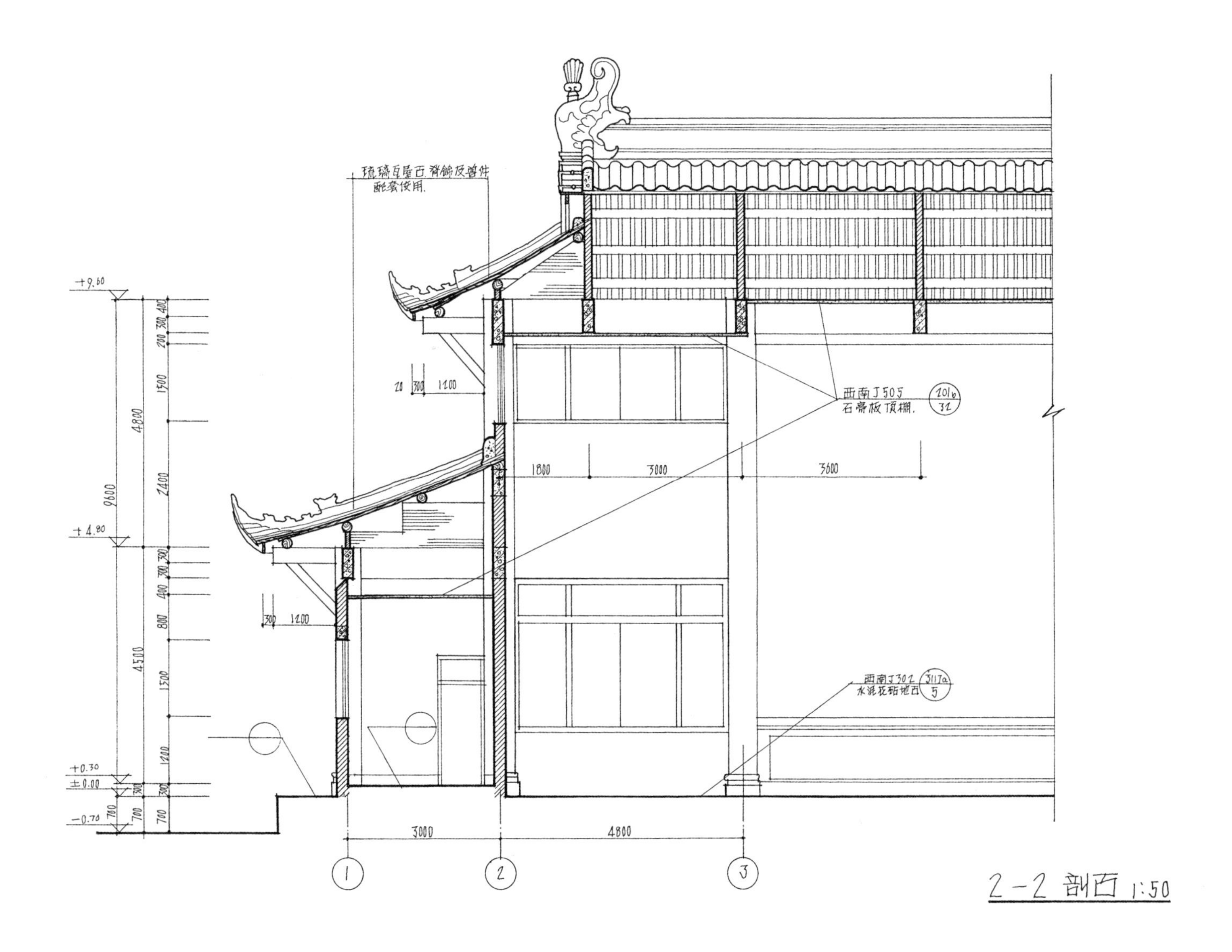
琉璃瓦屋面.脊饰及构件
配套使用.
西南J505 石膏板顶棚. 101b/32
西南J302 水泥花砖地面 3117a/5
+9.60
+4.80
+0.30
±0.00
-0.70
4800
9600
4500
1800
3000
3600
4800
1
2
3
2-2 剖面 1:50

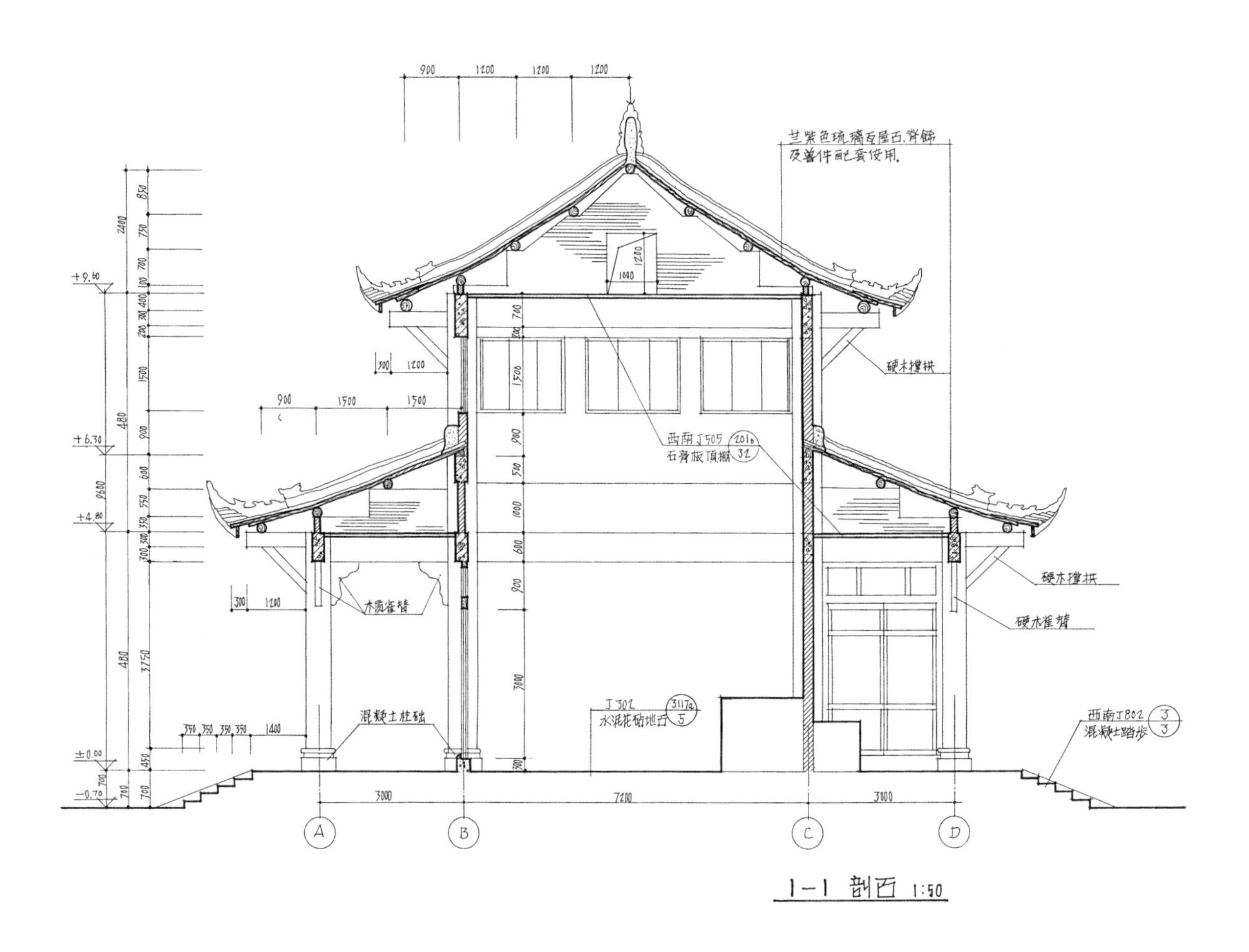
兰紫色琉璃瓦屋面.脊饰
及兽件配套使用.
硬木撑拱
西南J505 201b/32
石膏板顶棚
木雕雀替
硬木撑拱
硬木挂筒
J301 3117a/5
水泥花砖地面
混凝土柱础
西南J802 3/3
混凝土踏步
+9.60
+6.30
+4.80
±0.00
-0.70
A
B
C
D
3000
7200
3000

1-1 剖面 1:50

云南弥陀寺

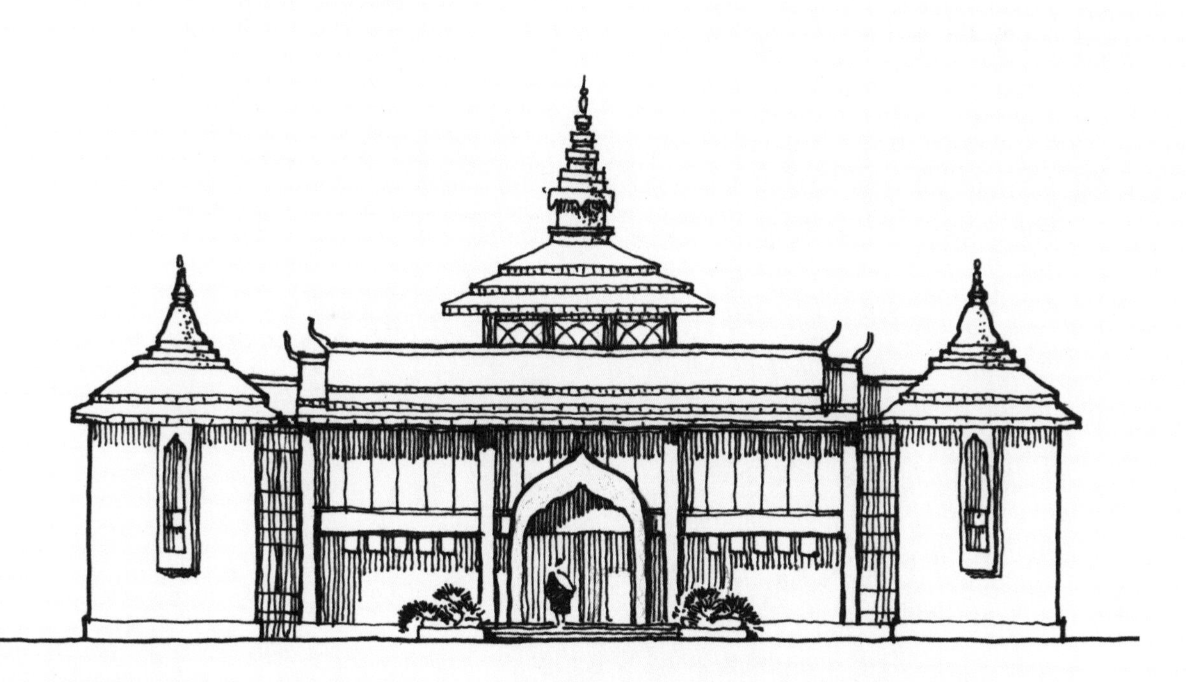

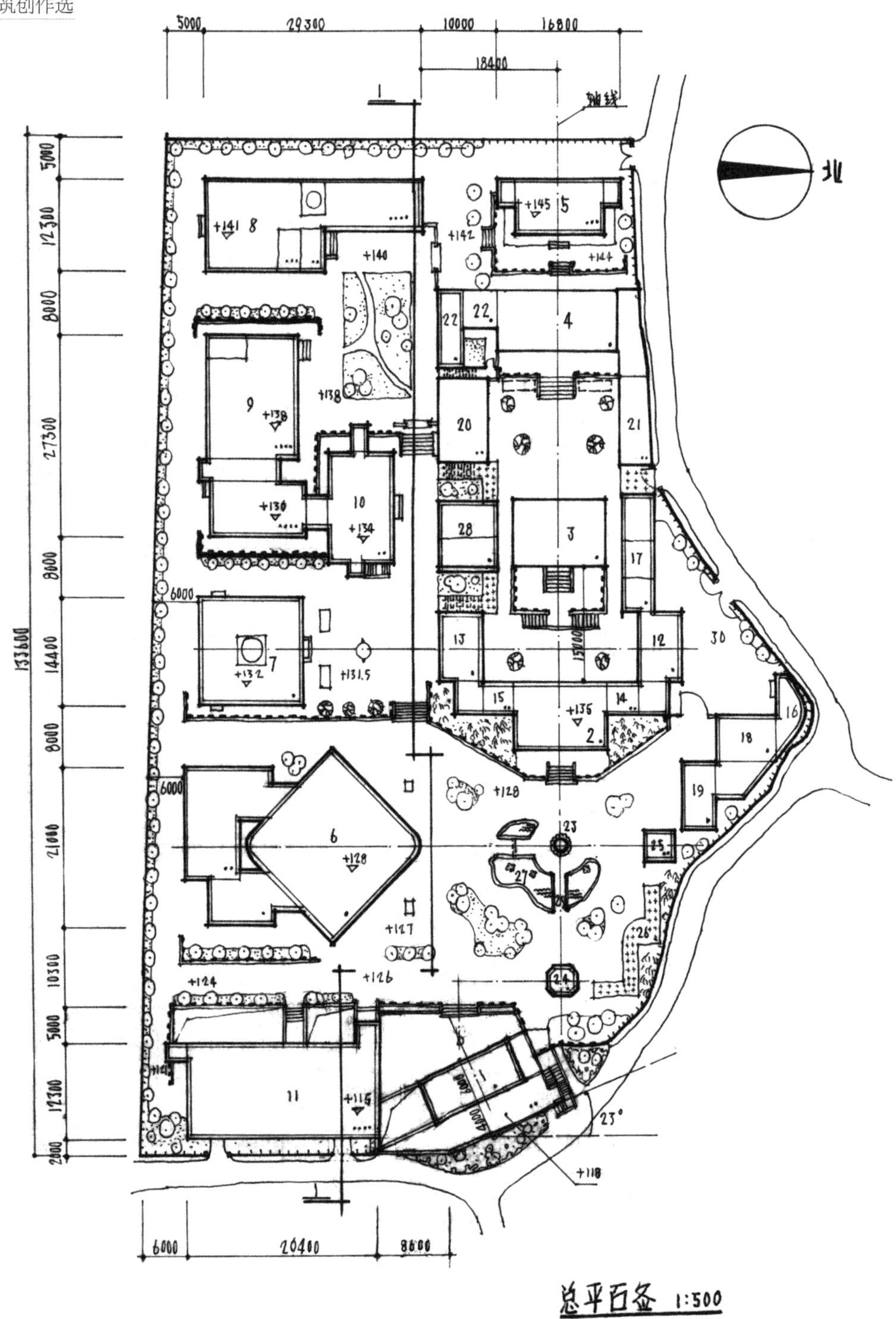

5000
29300
10000
16800
18400
轴线
北
5000
12300
8000
27300
8000
14400
133600
8000
21000
10300
5000
12300
2000
6000
20400
8600
6000
6000
+141 8
+140
+145 5
+142
+144
22
22
4
+138
9
+138
20
21
10
+134
+130
28
3
17
13
15700
12
30
7
+132
+131.5
15
14
+135
2
16
18
19
6
+128
+128
23
25
27
26
+127
+126
+124
24
11
+115
1
23°
+118

总平面图 1:500

弥陀寺总平面图

2006.12.8.

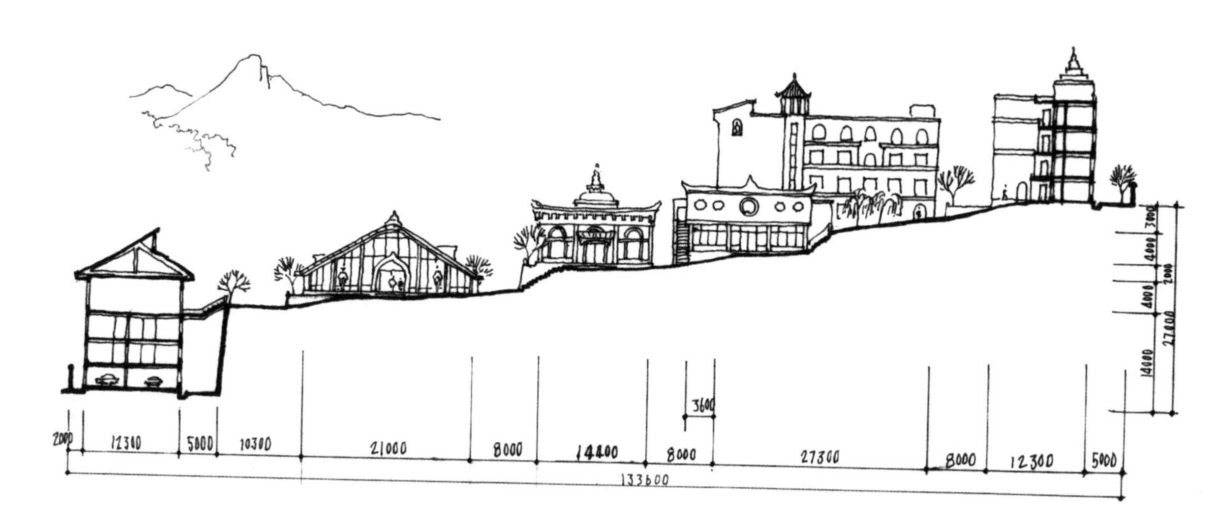

1-1 剖面图 1:500

图例：

	原有建筑		古树
	新建建筑		树木
	敞廊		草坪
	观音塑像		花卉
	水池		围墙
	拱桥		竹林
	涵洞		门
	挡土墙		
	挡土墙上设栏杆		

注：

1 山门	13 药王殿	25 阁
2 天王殿	14 钟楼	26 休息敞廊
3 三大士	15 鼓楼	27 莲池
4 大雄宝殿	16 值班	28 厕所
5 藏经楼	17 配电机修	29 桥
6 讲经堂	18 车库	30 内院
7 法堂	19 流通处	
8 禅房	20 客堂	
9 禅修	21 招待所	
10 五观堂	22 方丈	
11 东康居士林斋厅	23 观音塑像	
12 祖堂	24 碑亭	

说明：

设计结合地形，以轴线为中心层层展开。进入山门后，在中轴线前端，有宽阔的广场，中心安放观音塑像，设莲池、竹林。殿堂对称布置，寺庙院显庄严，又生动。在平面中，动静结合，用地紧凑，交通组织便捷，并做到人、车、供应分流，基本满足了消防要求。

在设计中除拆除原五观楼外，其余建筑均保留。

图上建筑所注标高均为底层标高。

山门的朝向在施工时，按实际情况调整。

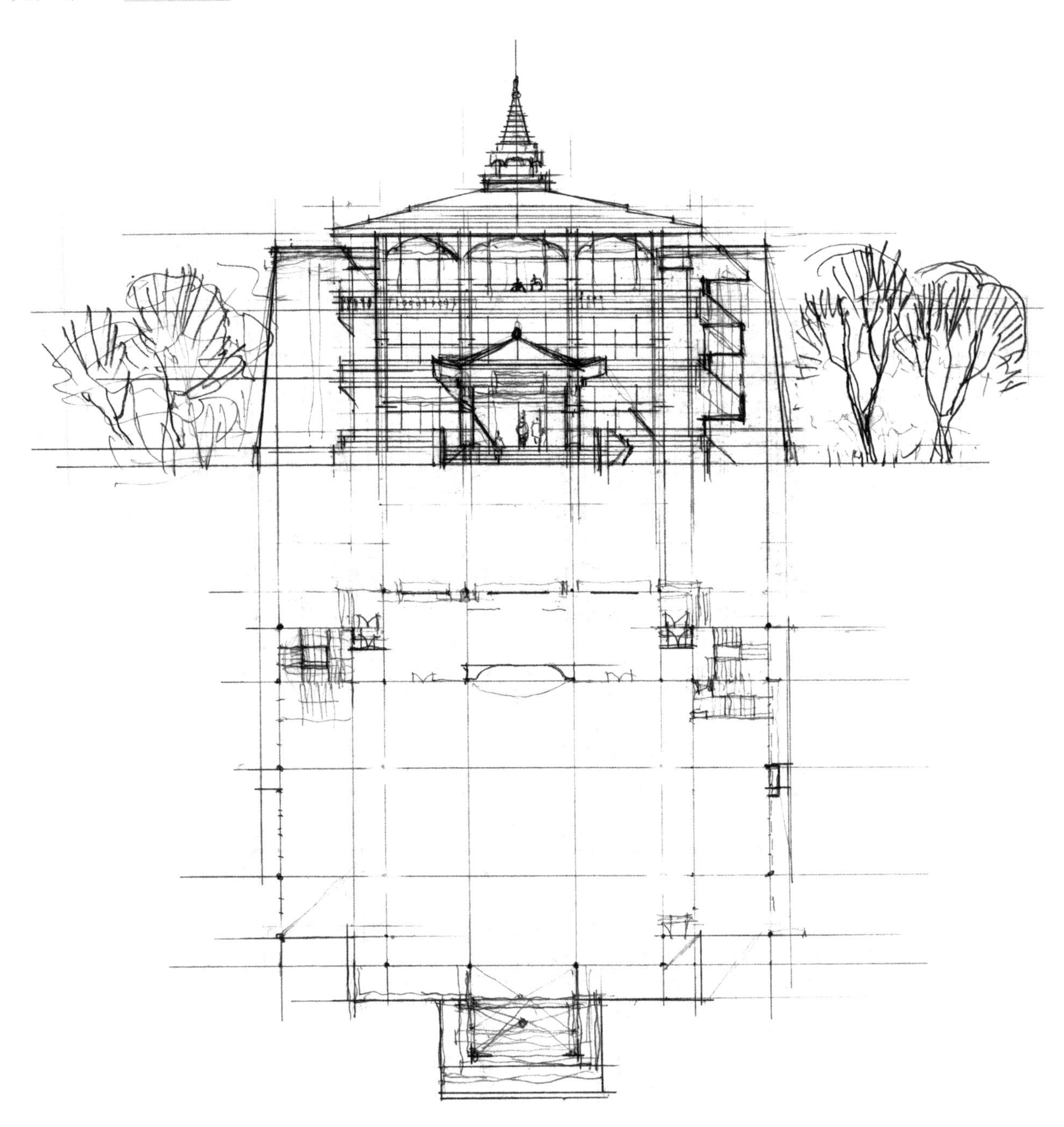

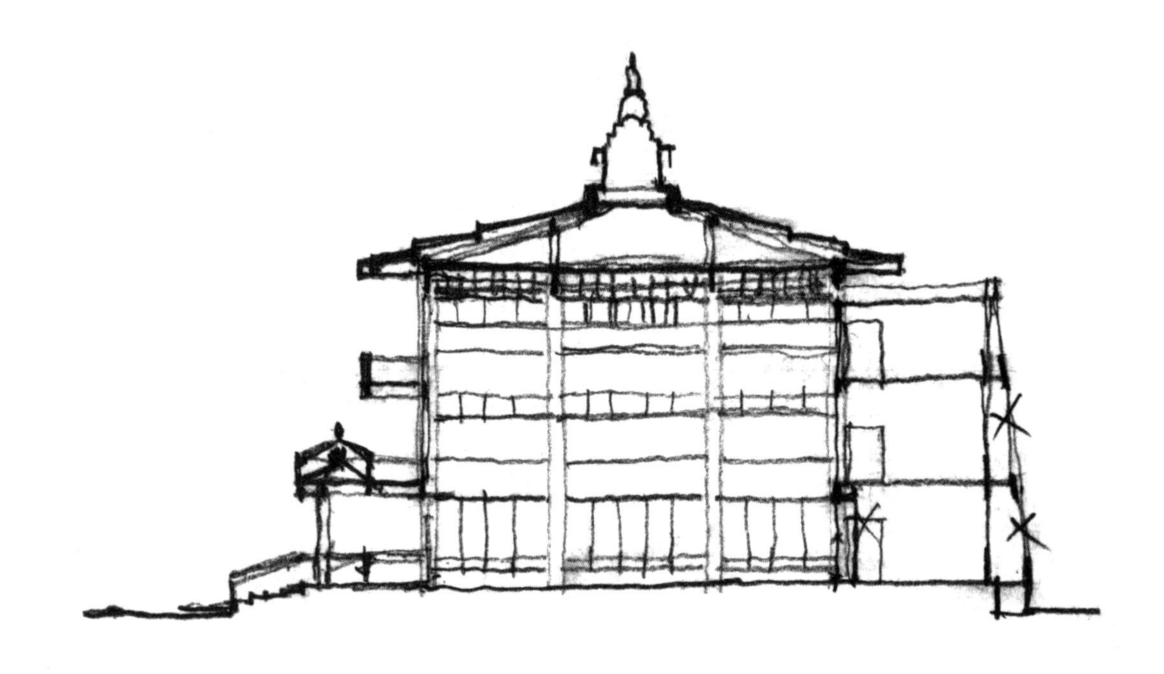

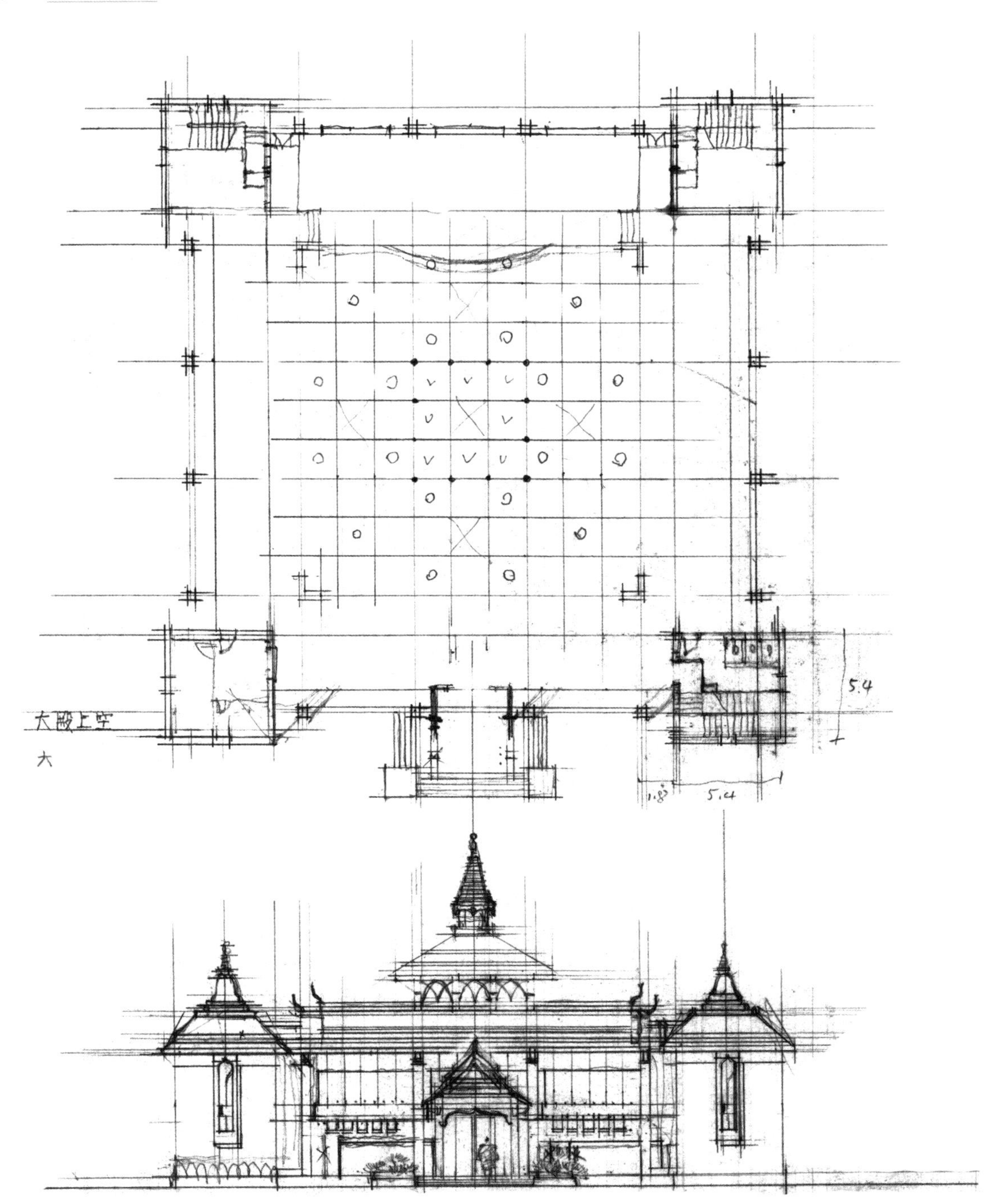
大殿上空
大
5.4
1.83
5.4

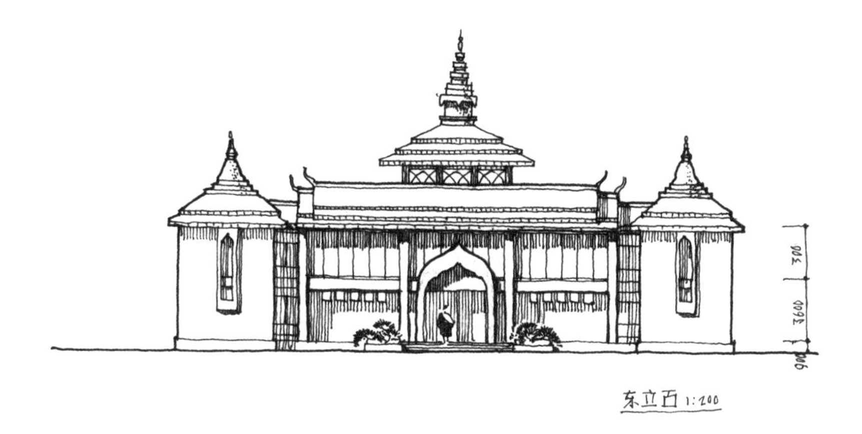

东立面 1:200

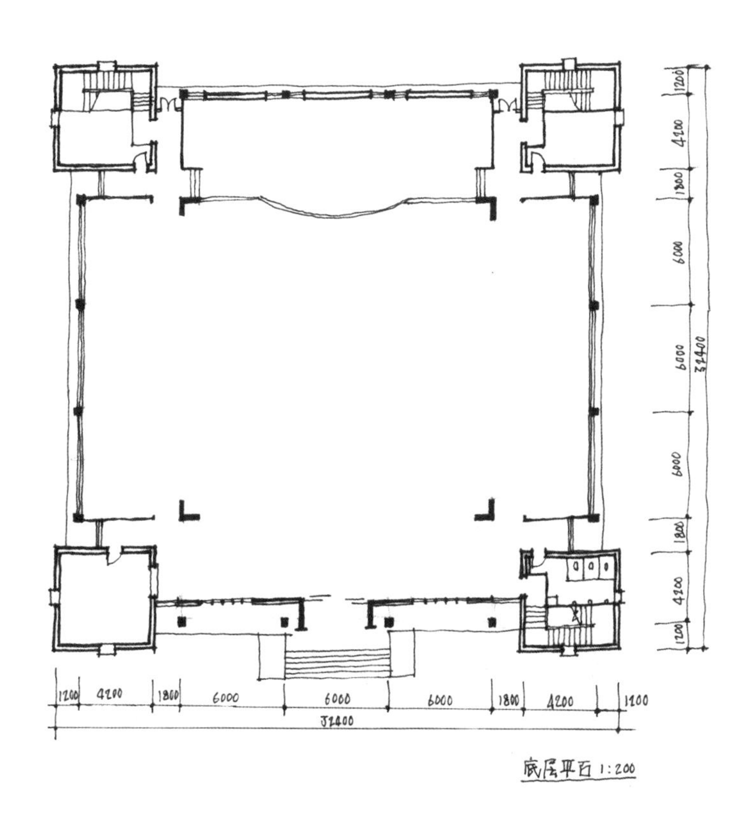

底层平面 1:200

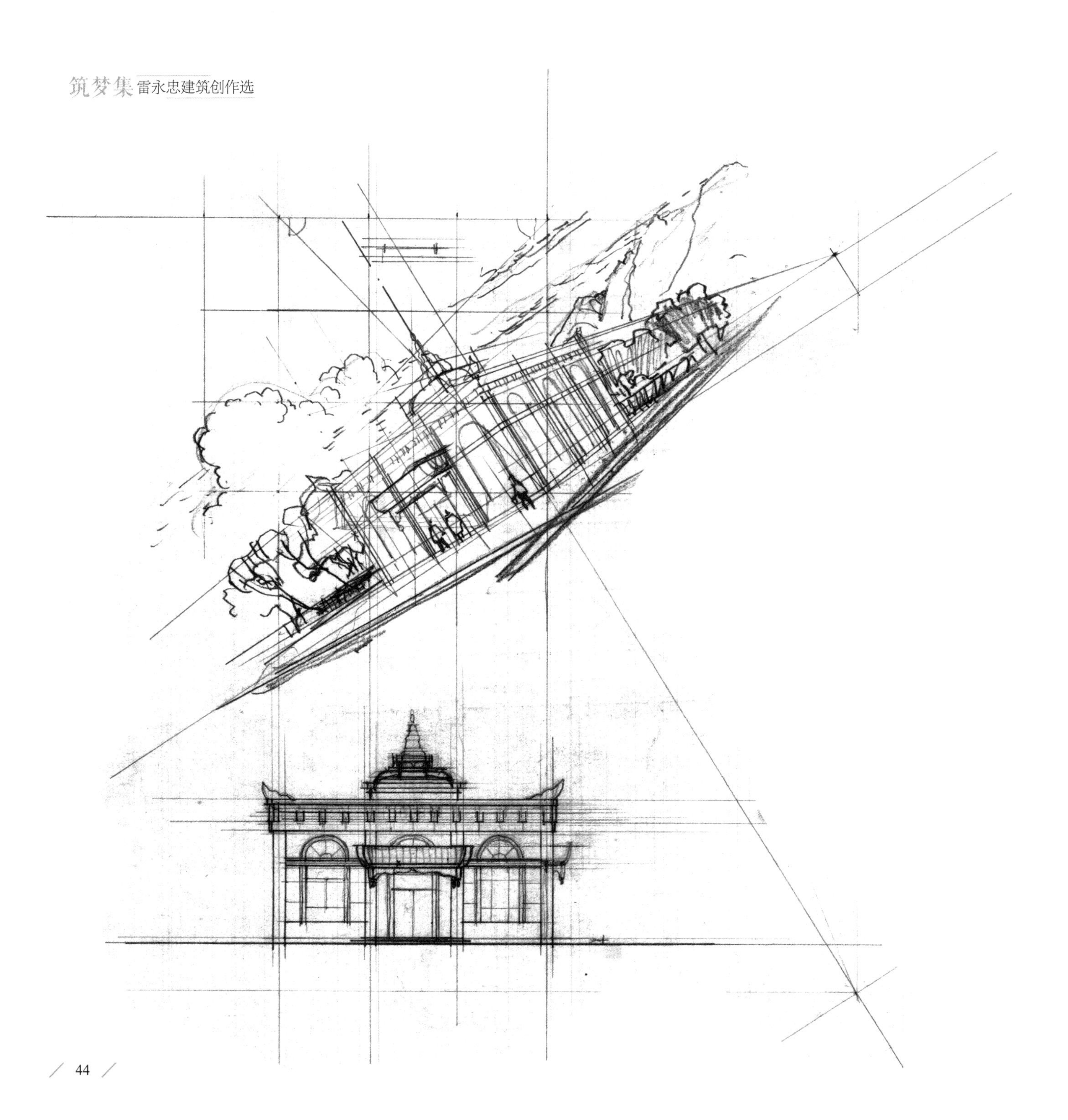

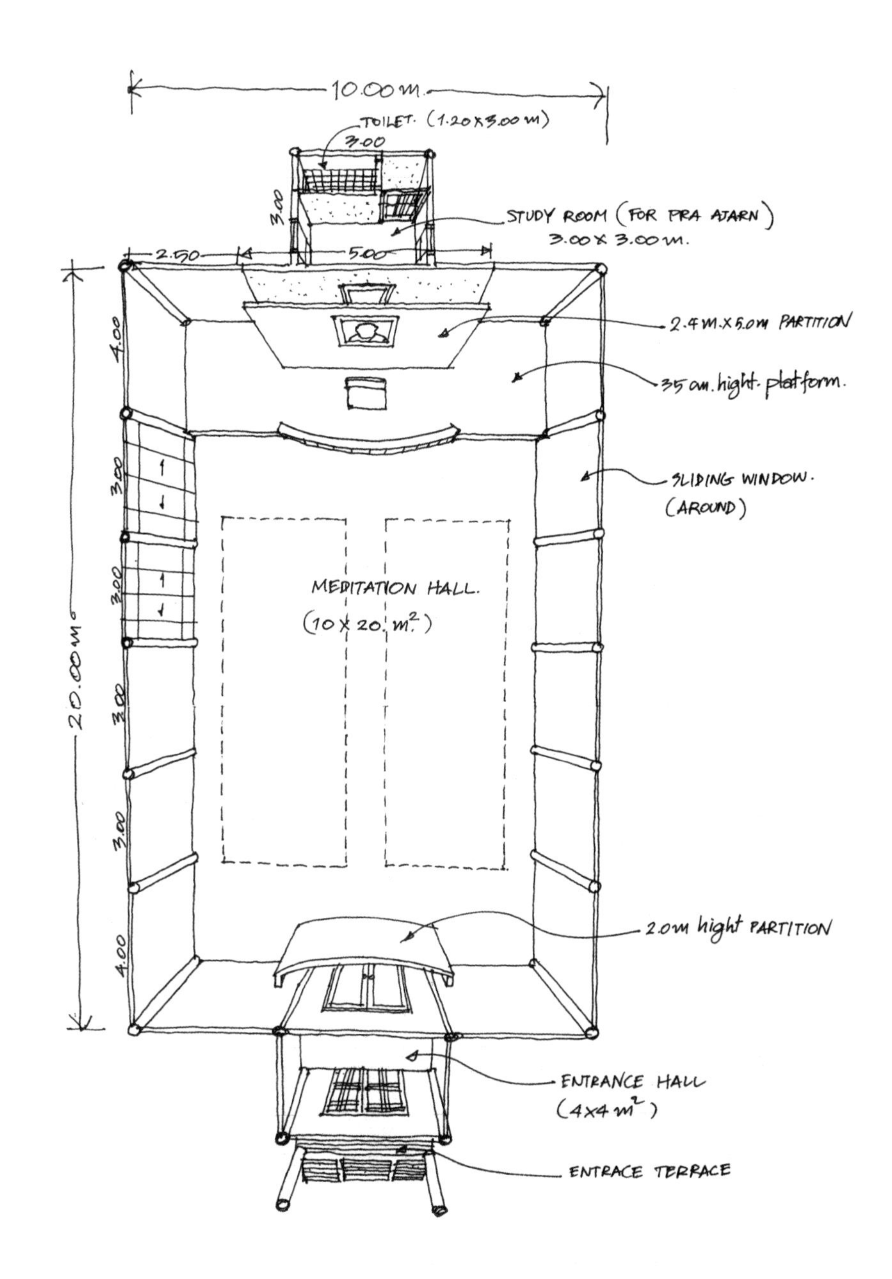

10.00 m.
TOILET. (1.20 X 3.00 m)
3.00
3.00
STUDY ROOM (FOR PRA AJARN)
3.00 X 3.00 m.
2.50
5.00
2.4 m. X 5.0 m PARTITION
35 cm. hight. platform.
4.00
3.00
3.00
3.00
3.00
4.00
20.00 m.
SLIDING WINDOW.
(AROUND)
MEDITATION HALL.
(10 X 20. m²)
2.0 m hight PARTITION
ENTRANCE HALL
(4x4 m²)
ENTRACE TERRACE

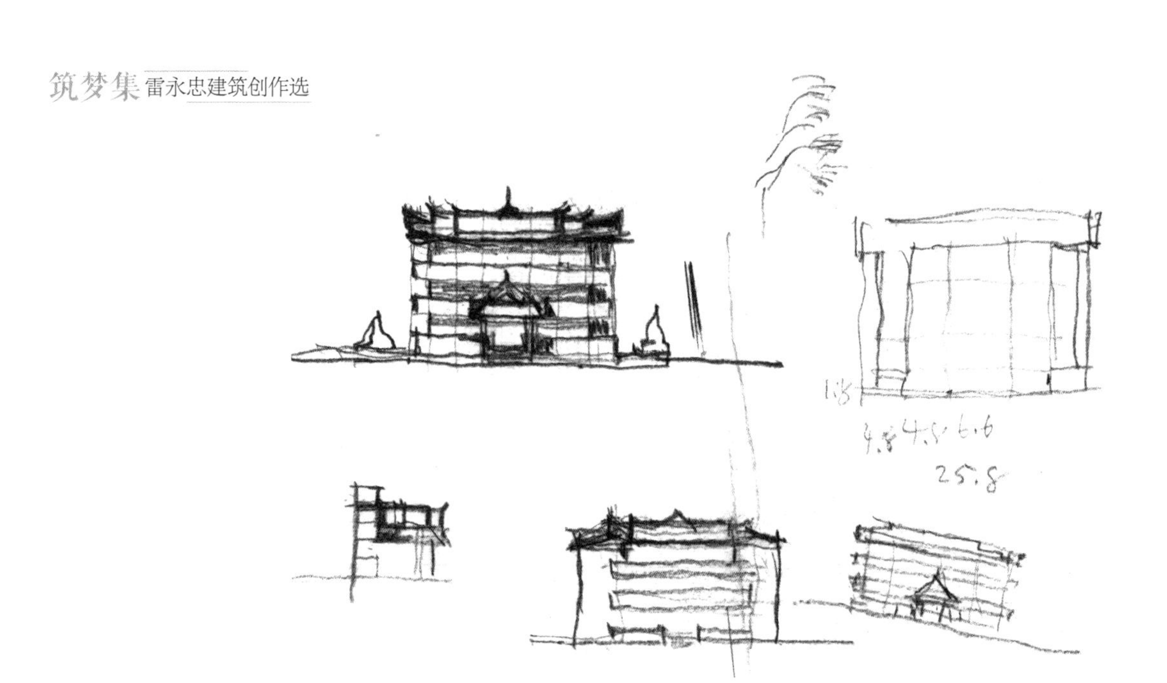
4.8 4.5 6.6
25.8

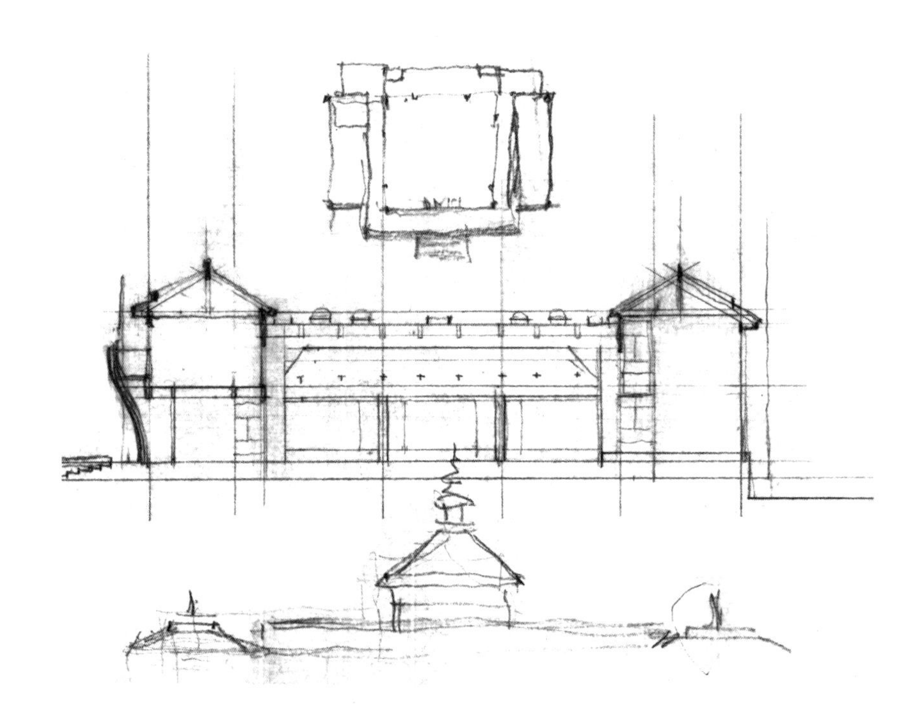

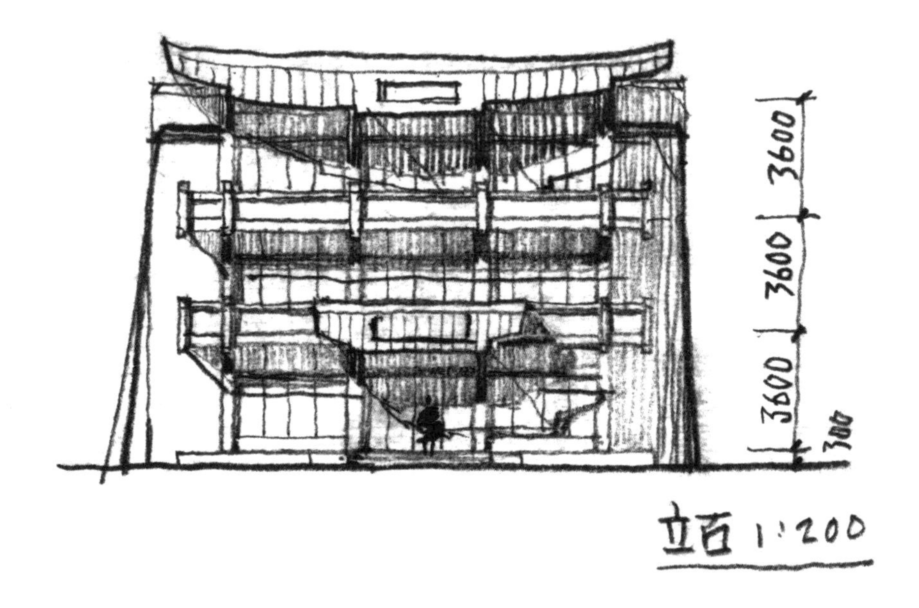

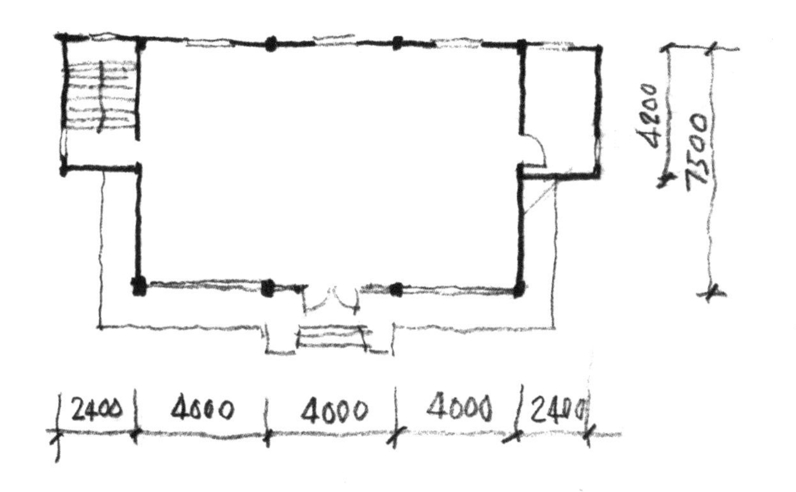

心入灵山求普渡

弥陀寺山门设计

一二三层 1:200

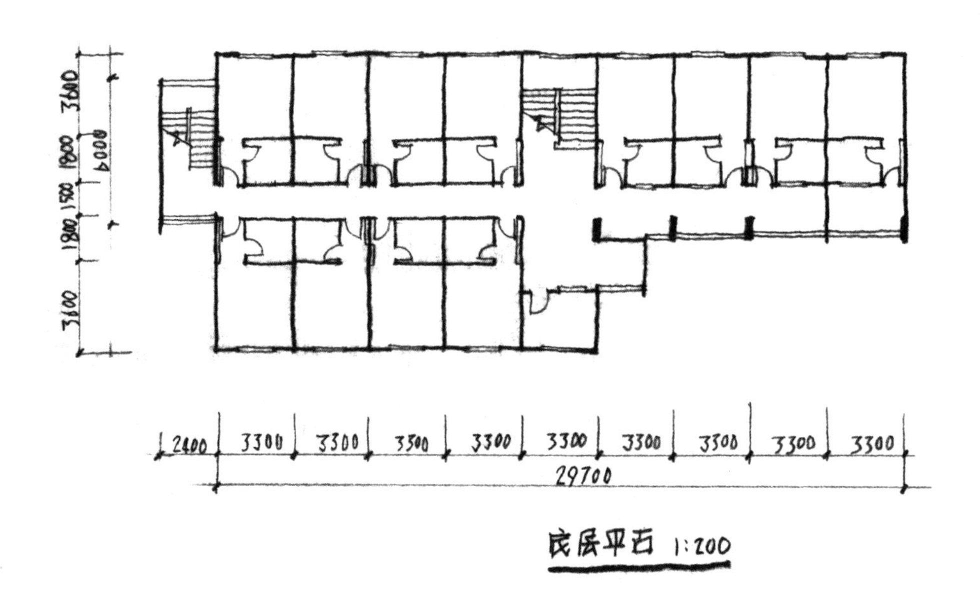

民居平面 1:200

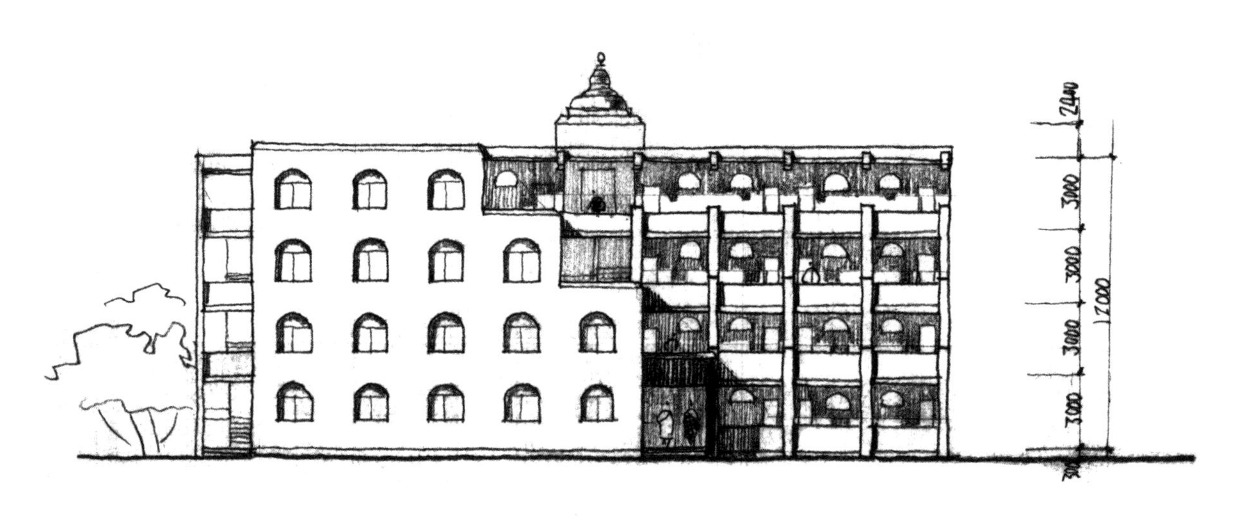

东立面 1:200

示意

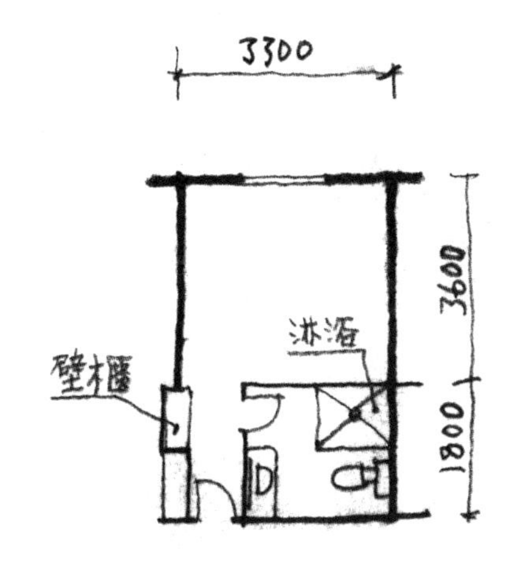

标準间

说明：

僧房为清修之地，外型受石窟启发，古朴而现代(设置)。

总建筑面积 1180M²

房间 48间。

四层 砖混结构，

外墙用石材贴面。

寮房设计方案（8号楼）

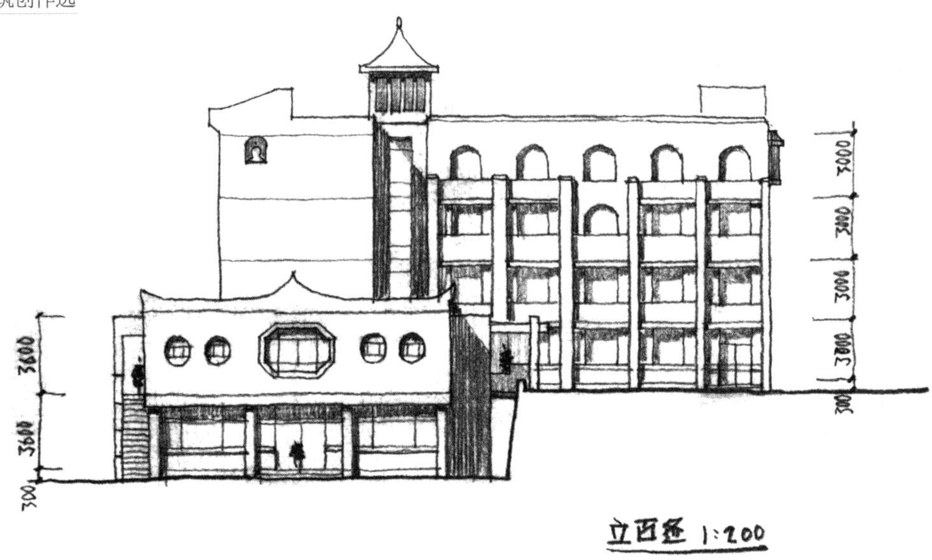
3000
3000
3000
3800
300
3600
3600
300
立面图 1:200

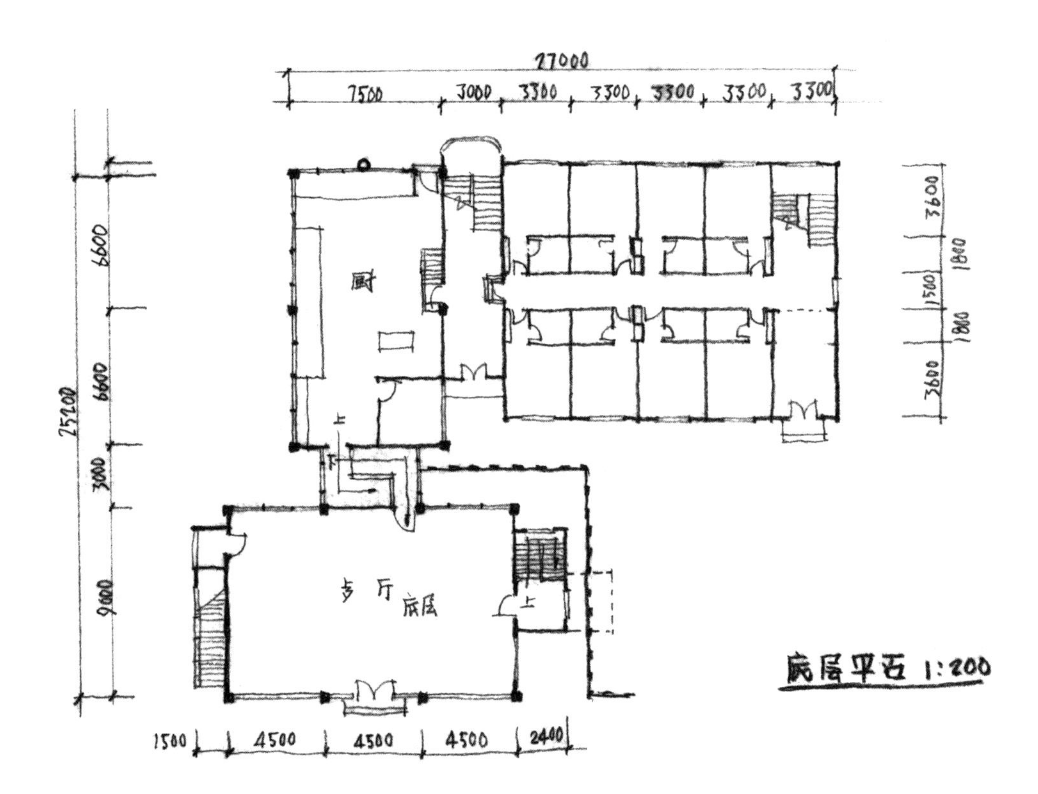
27000
7500
3000
3300
3300
3300
3300
3300
厨
上
底层
3600
1800
1500
1800
3600
25200
6600
6600
3000
9600
1500
4500
4500
4500
2400
底层平面 1:200

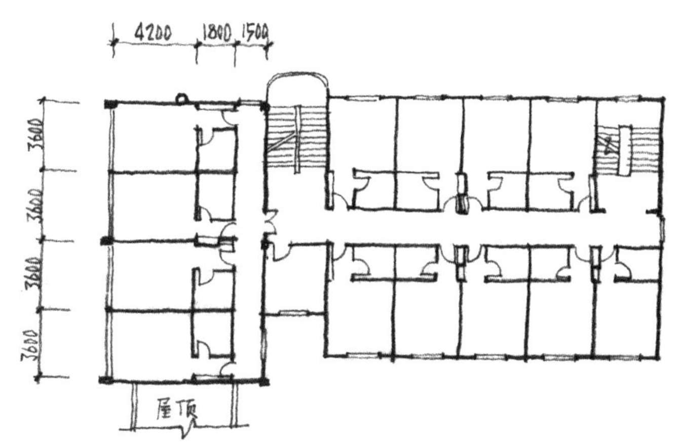

标准层 1:200

说明：
结合地形，设计时错层处理，分三台，底台放斋厅，分二层
第二台放厨房，厨房上部及第三台布置标准间，用地
紧凑，布局合理。
总建筑面积：1650m²
厨房面积：100m²
斋厅面积：250m²
标准间数：47间

禅修、五观堂方案

(9、10号楼)

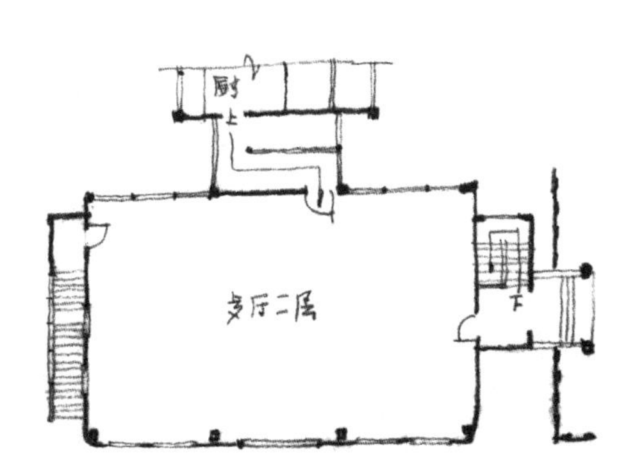

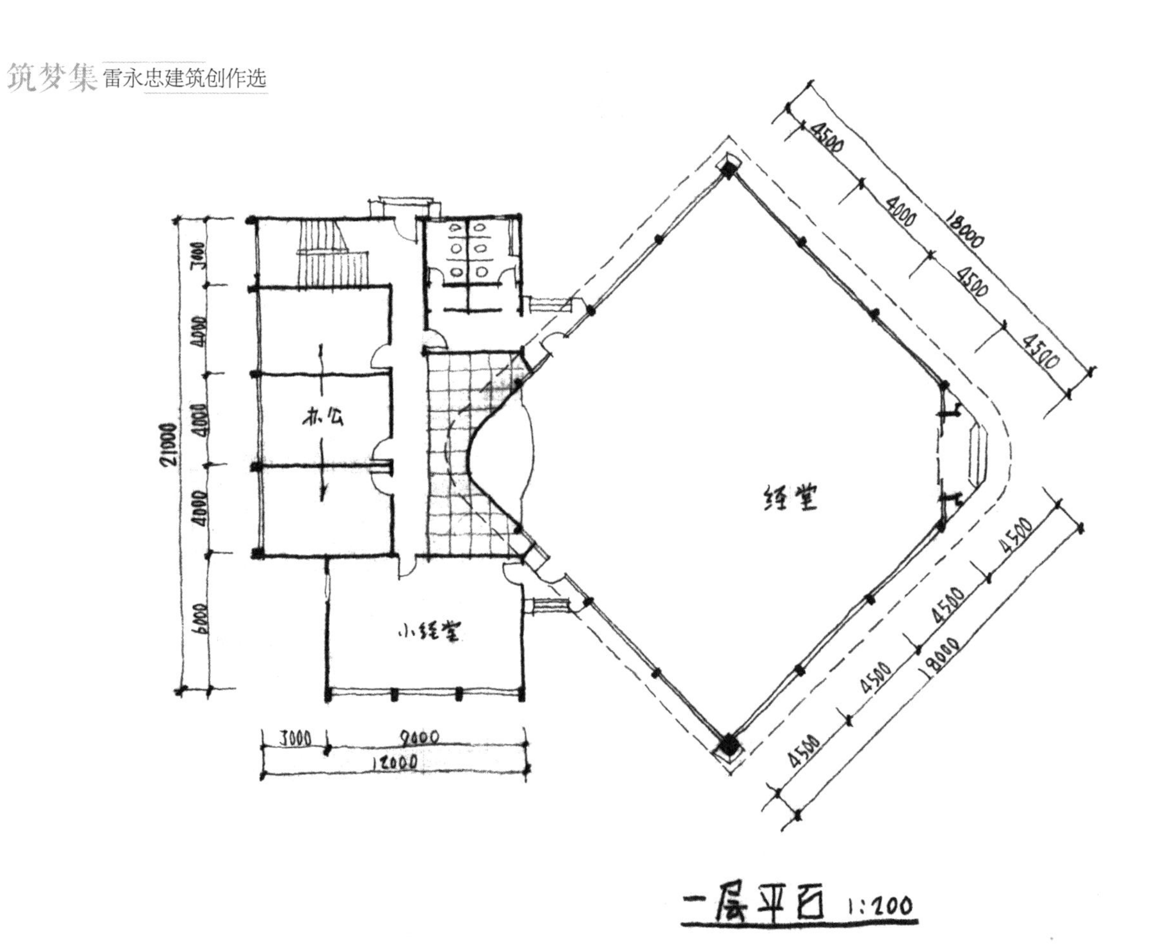

一层平面 1:200

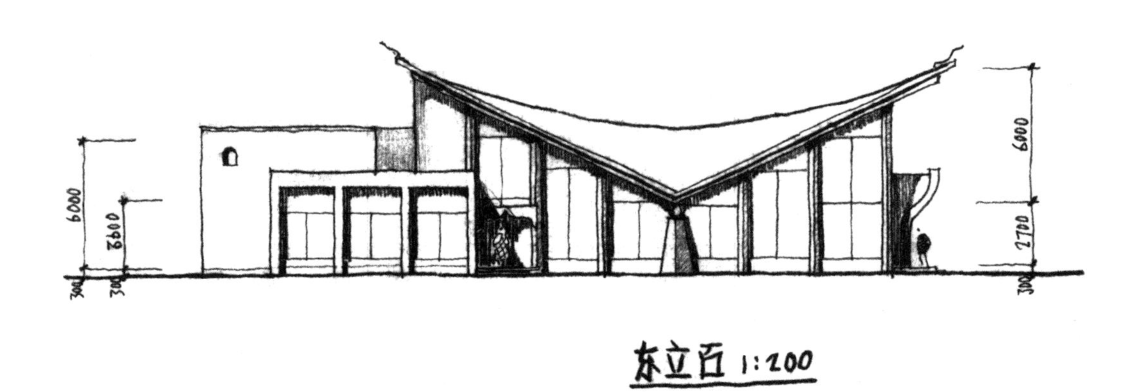

东立面 1:200

西立面 1:200

示意

说明：

经堂结合地形采用马鞍形壳体结构、面模板。

体形简洁流畅，形如大鹏展翅。

总建筑面积：660 M^2

经堂：320 M^2

小经堂：54 M^2

办公楼上二层法师专用。

经堂方案

（6号楼）

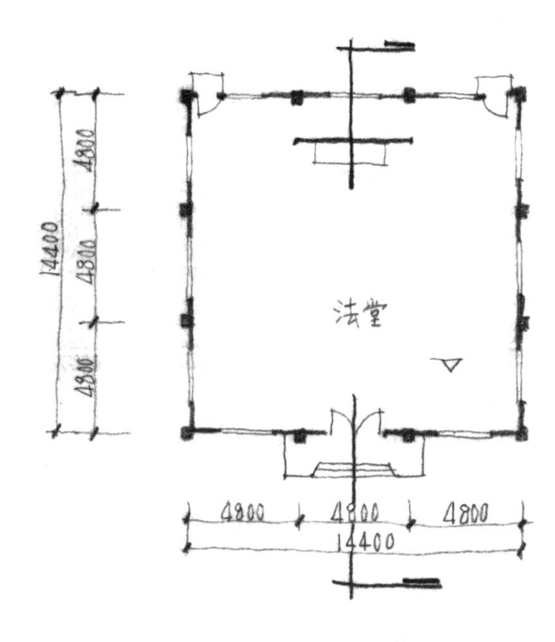

法堂平面图 1:200

经堂

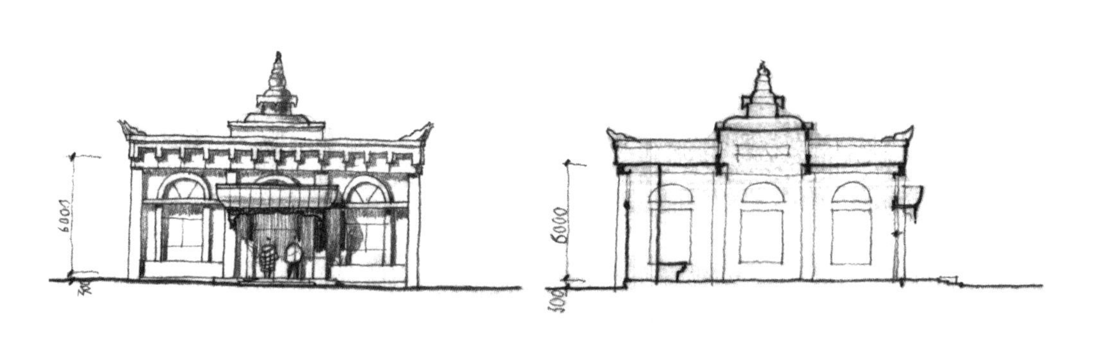

法堂立面图 1:200

法堂剖面图 1:200

说明：

法堂为单层钢筋砼结构，

总建筑面积 220M²

经堂壳顶采用金色铝合金板面层，墙身为黄金色镀膜玻璃墙体。

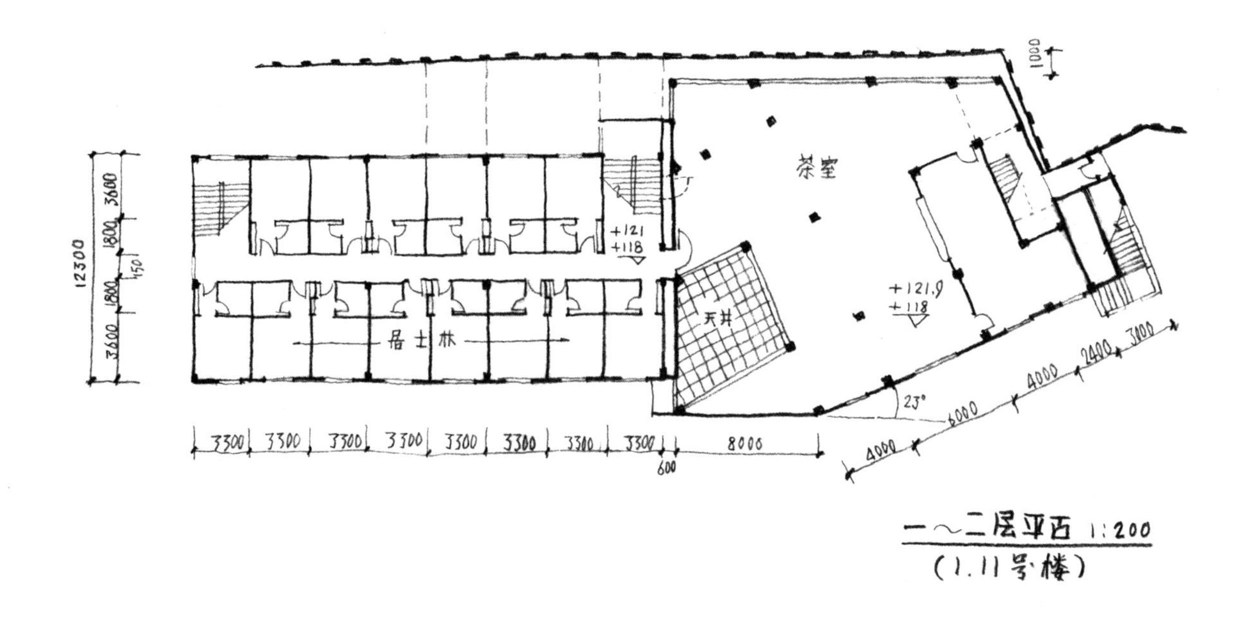

一～二层平面 1:200
(1.11号楼)

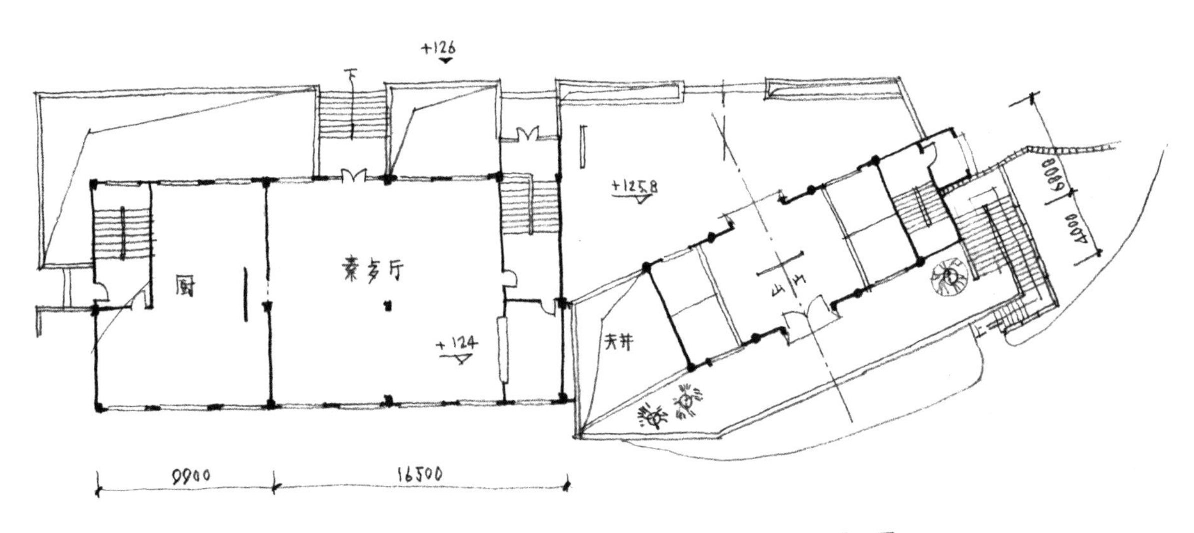

三层平面 1:200
(1.11号楼)

立面 1:200

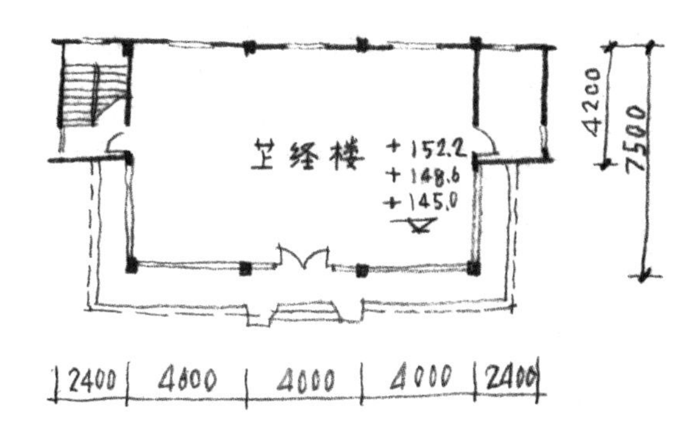

一、二、三层 1:200

藏经楼（5号楼）方案设计.

说明：本方案为三层钢筋砼框架结构.
二三层设计挑廊，檐口作弧线设计.
立面造型既能联想到传统建筑，
又有时代感.
总建筑面积 370M²

居士林.车库 1:200　　山门 1:200

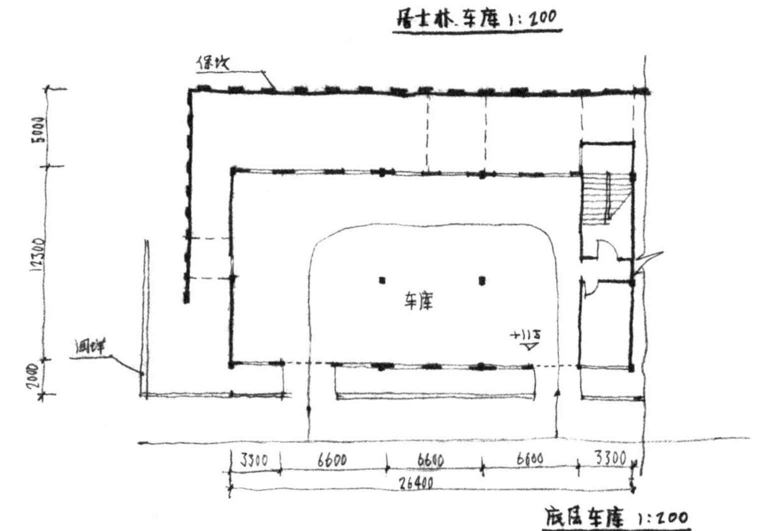

底层车库 1:200

山门、居士林（1.11号楼）方案.

说明：

本方案为两幢钢筋砼框架结构，两幢建筑放不同的标高上，之间设沉降缝。由于建筑在陡坡下（高差约10M），设计时将山门抬至最高处，与上台地齐平。其下设两层休息茶室，外垒石砌，墙面开洞凿穴，塑护法神像，给人山体石窟的感觉，沿石级而上，庙堂气氛浓重，巍峨的山门也成了山之门。

居士活动部分在下面，最底层为车库。居士林只露出地面半层，外型简洁、淡化，衬托出山门的雄伟。

总建筑面积：

1号楼：692M² 其中　　11号楼：1340M² 其中

山门：116M²　　车库：335M²　　素食厅335M²

茶室：576M²　　住宿：670M²

成都科技大学留学生楼

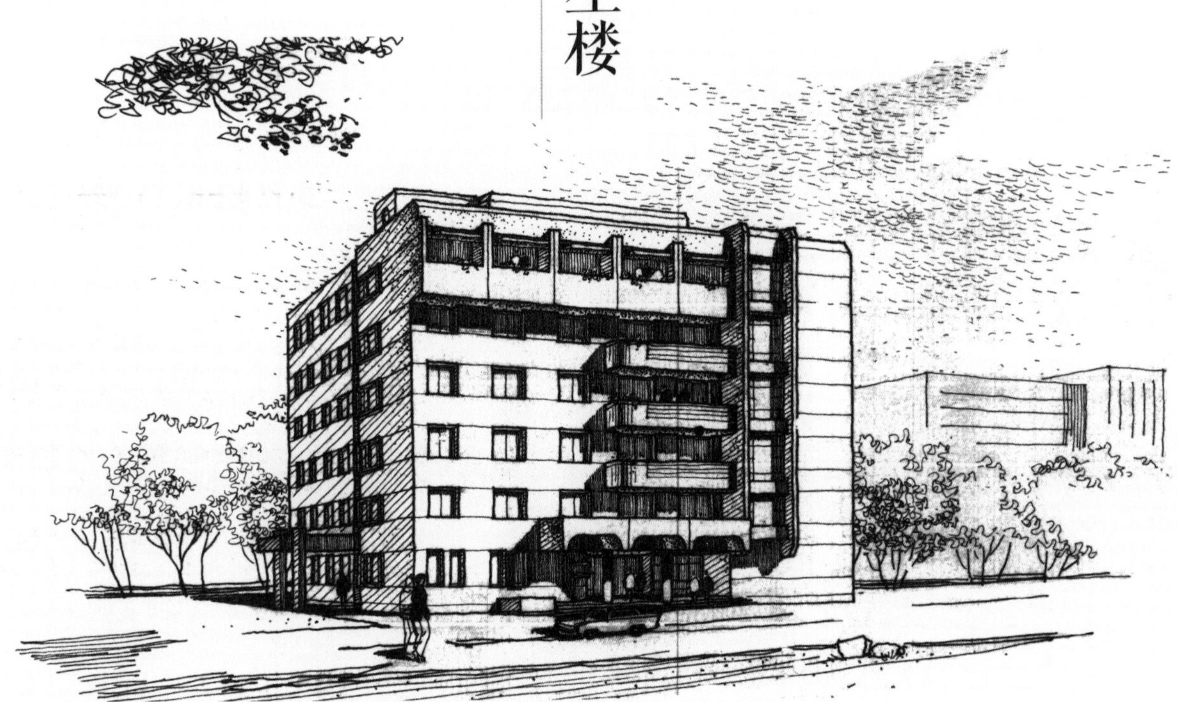

西南立面 1:200

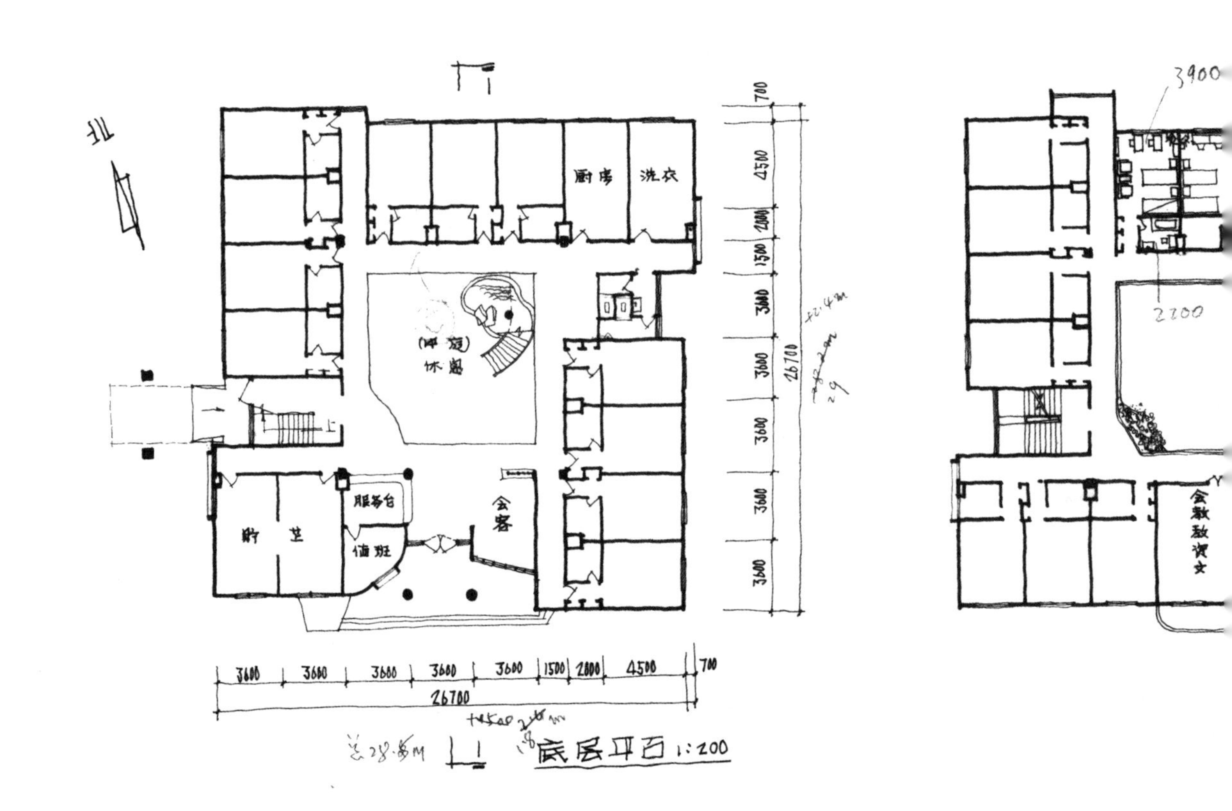
北
厨房
洗衣
服务台
值班
会客
700
4500
2000
1500
3600
3600
3600
3600
3600
26700
3600 3600 3600 3600 3600 1500 2000 4500 700
26700
3900
2200
底层平面 1:200

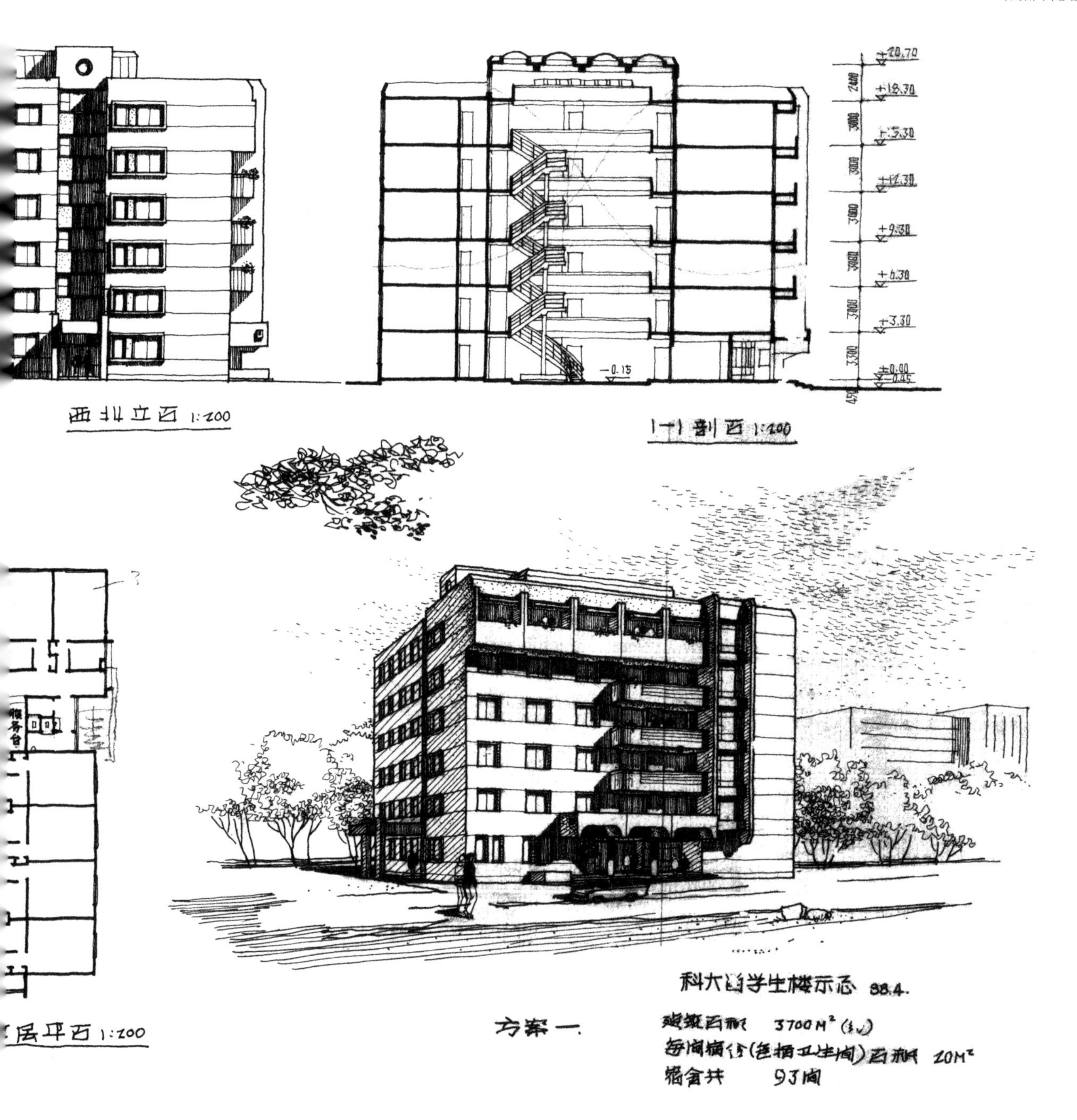

西北立面 1:200
1-1剖面 1:200
+20.70
+18.30
+15.30
+12.30
+9.30
+6.30
+3.30
±0.00
-0.45
-0.15
服务台
层平面 1:200
科大留学生楼示意 88.4.
方案一
建筑面积 3700M² (左右)
每间宿舍(包括卫生间)面积 20M²
宿舍共 93间

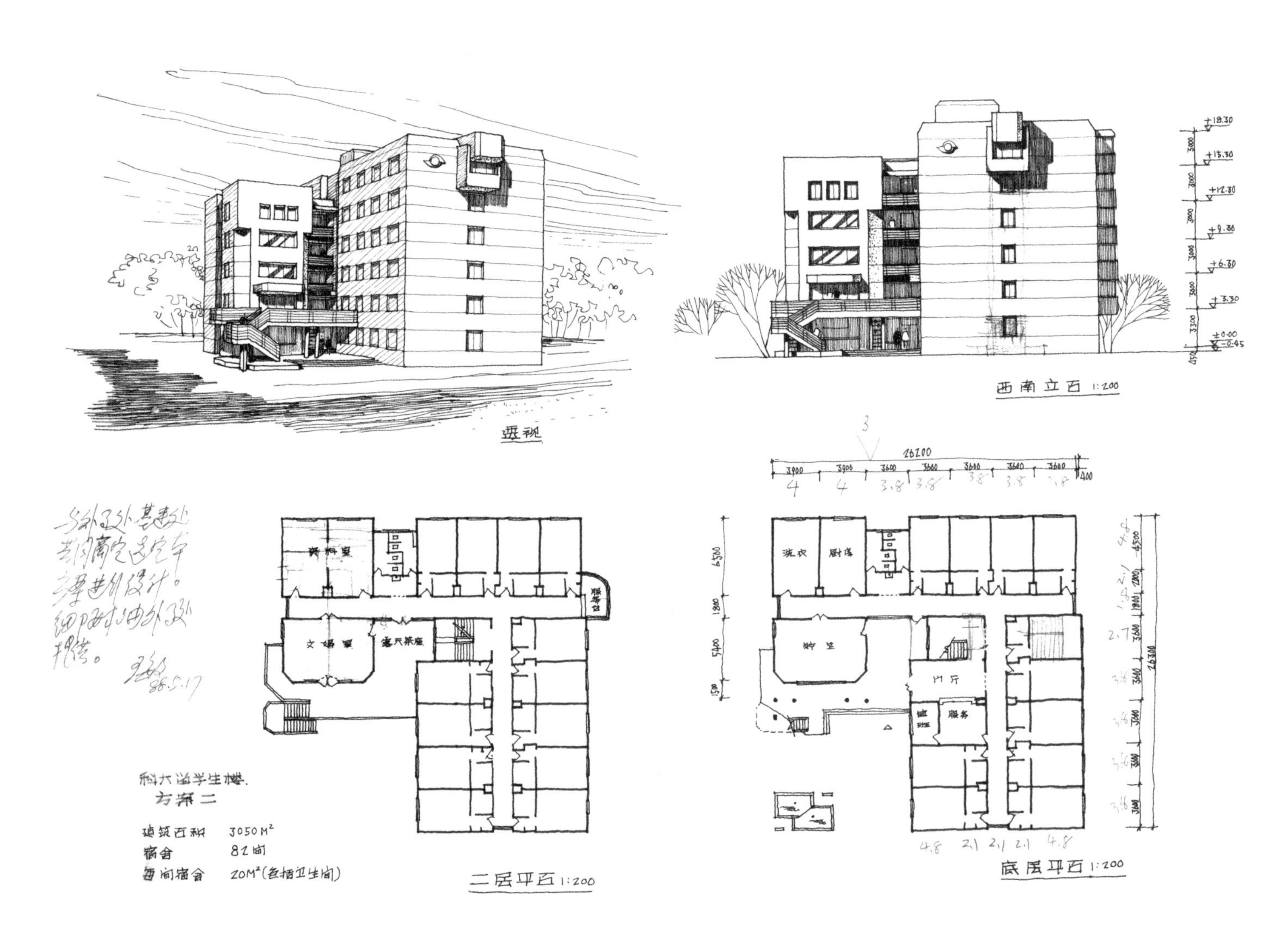

编者注：现为四川大学留学生楼。

成都科技大学城环大楼

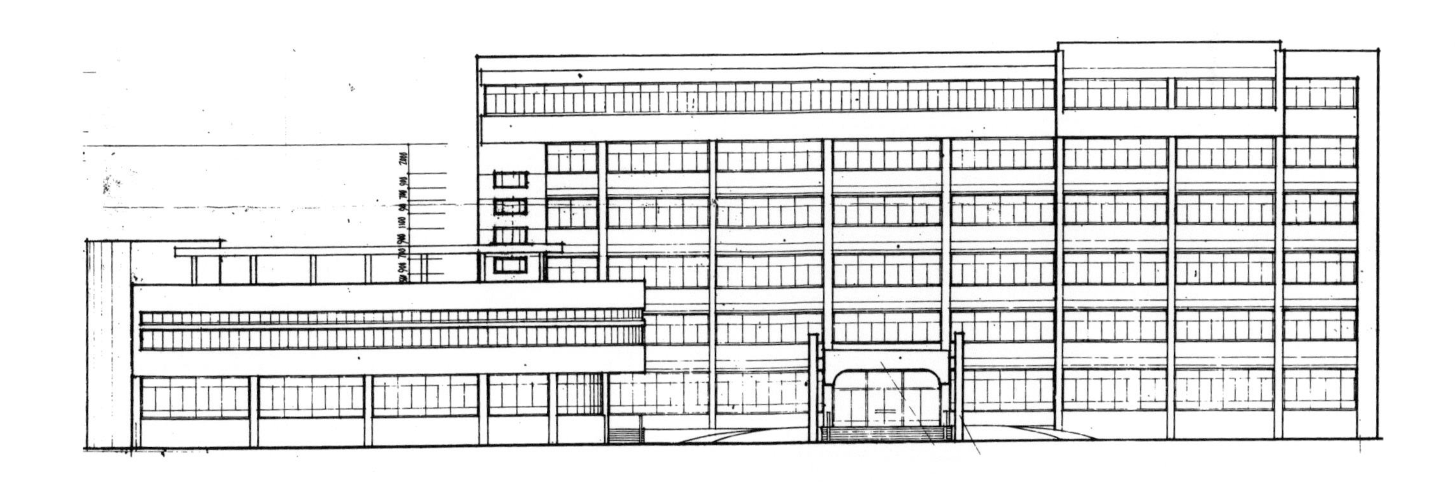

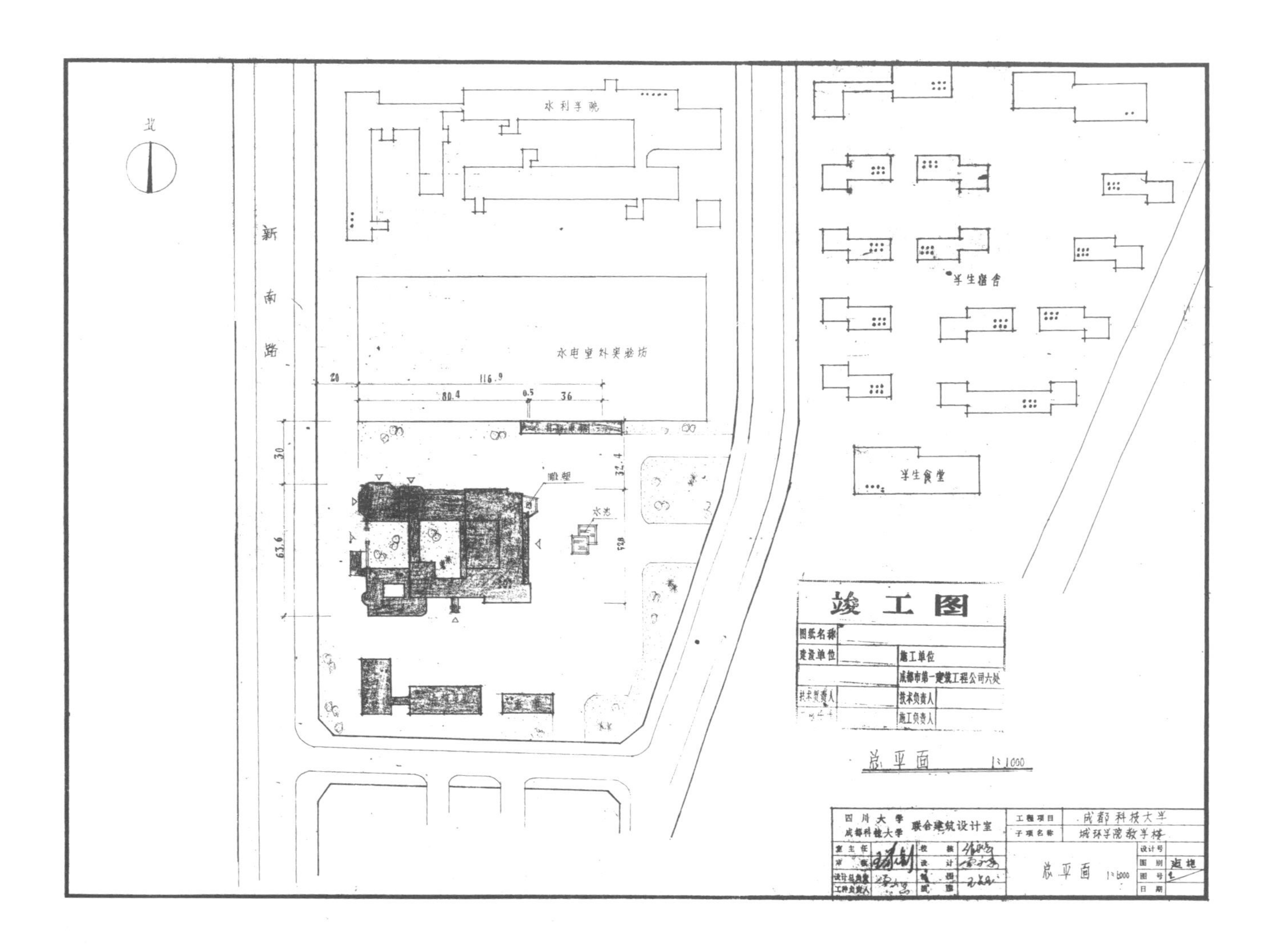
北
新南路
水利学院
水电室外实验场
学生宿舍
学生食堂
雕塑
水池
20
116.9
80.4
0.5
36
30
32.4
63.6
竣工图
图纸名称
建设单位
施工单位
成都市第一建筑工程公司六处
技术负责人
施工负责人
总平面 1:1000
四川大学
成都科技大学
联合建筑设计室
工程项目
成都科技大学
子项名称
城环学院教学楼
室主任
审核
设计总负责
工种负责人
校核
设计
制图
描图
设计号
图别
图号
日期
总平面 1:1000

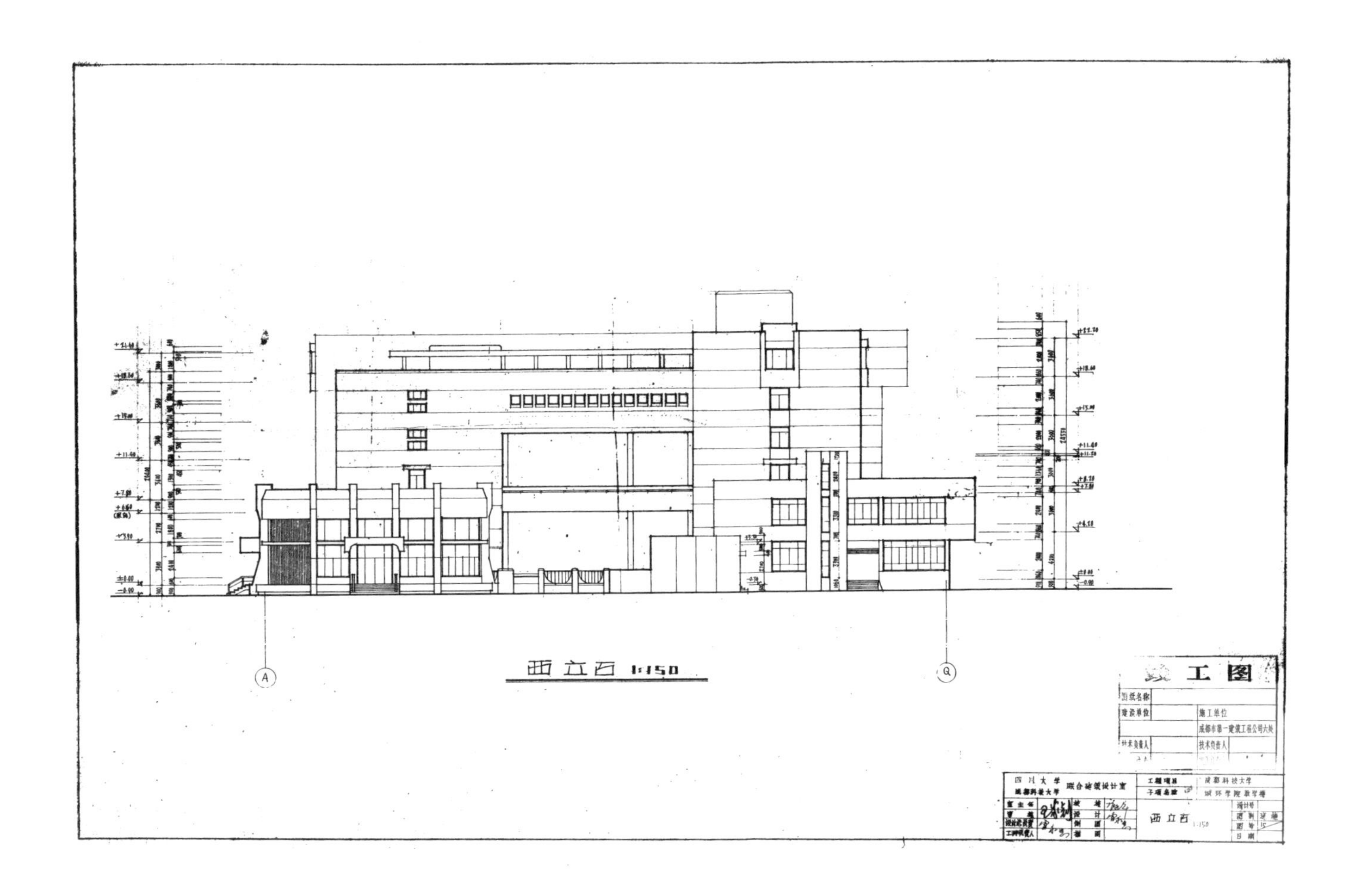

A
Q
西立面 1:150
工图
图纸名称
建设单位
施工单位
成都市第一建筑工程公司六处
技术负责人
四川大学
成都科技大学
联合建筑设计室
工程项目
成都科技大学
子项名称
城环学院教学楼
室主任
审核
设计总负责
工种负责人
校对
设计
制图
描图
西立面 1:150
设计号
图别 建施
图号 15
日期

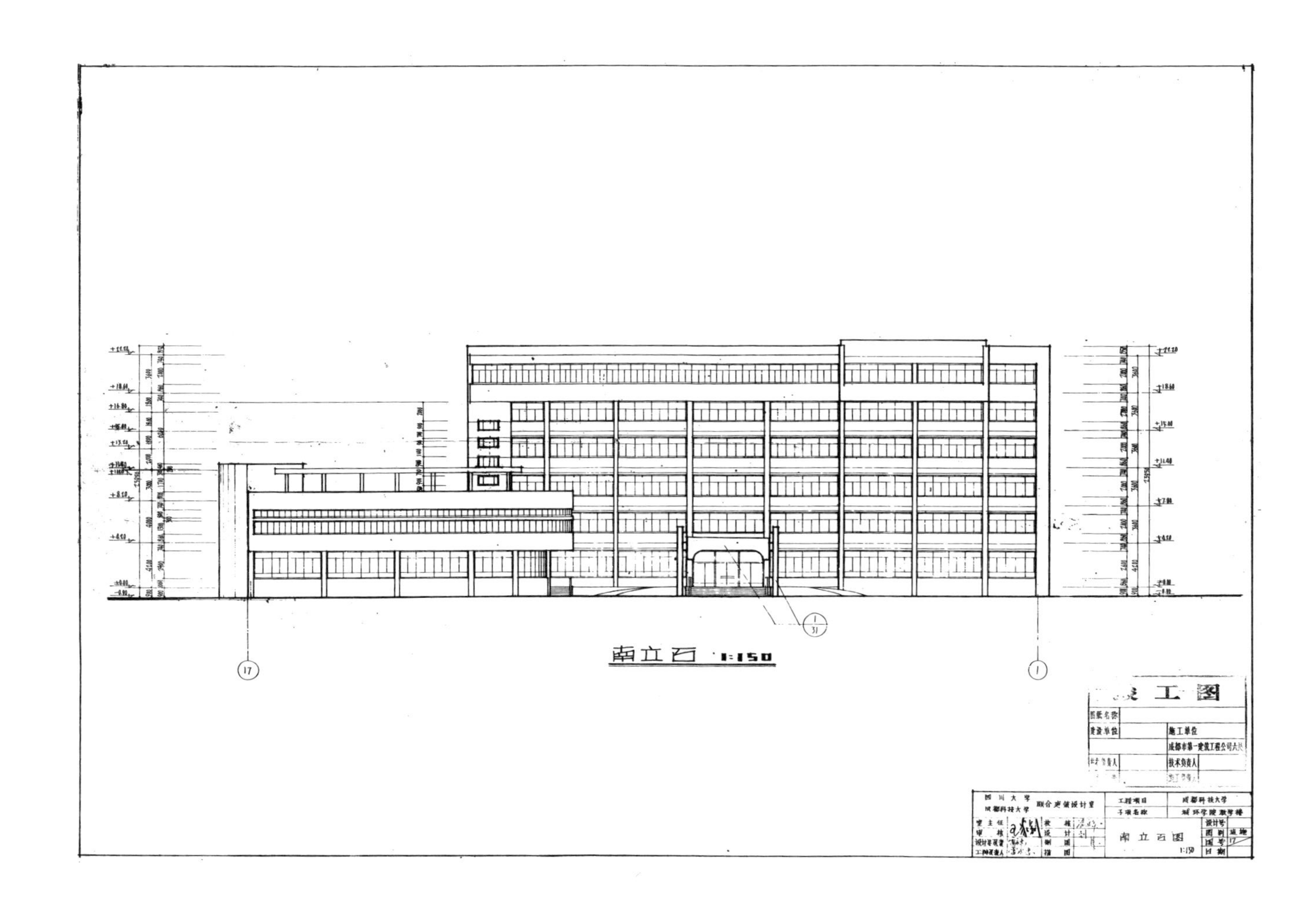

编者注：现为四川大学国家双创示范基地。

贵州工学院建筑

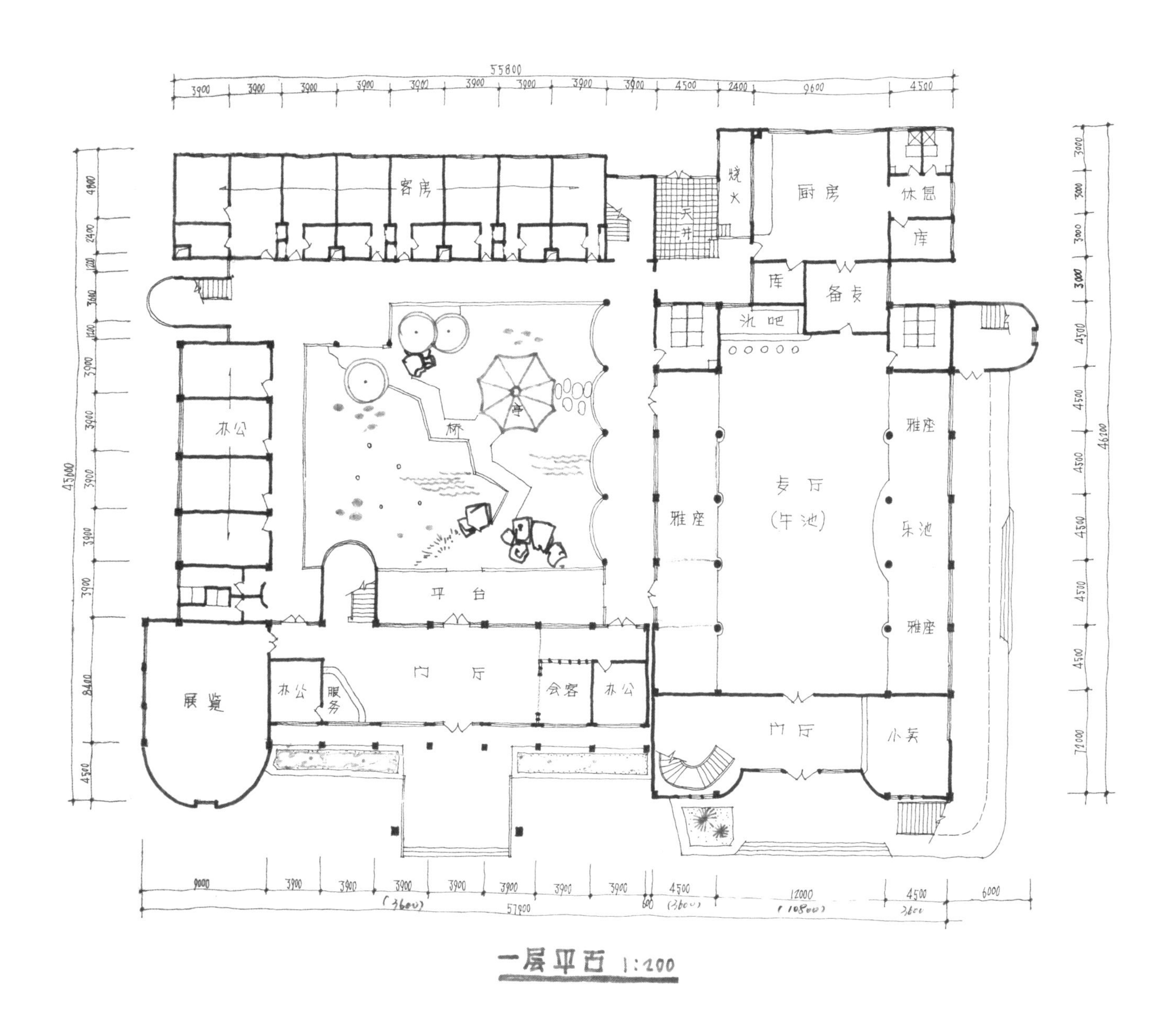
55800
3900
3900
3900
3900
3900
3900
3900
3900
3900
4500
2400
9600
4500
客房
天井
烧火
厨房
休息
库
库
备餐
水吧
办公
亭
桥
雅座
舞厅
(舞池)
乐池
雅座
雅座
平台
门厅
展览
办公
服务
会客
办公
门厅
小卖
45600
46100
9000
3900
3900
3900
3900
3900
3900
3900
4500
12000
4500
6000
57900

一层平面 1:200

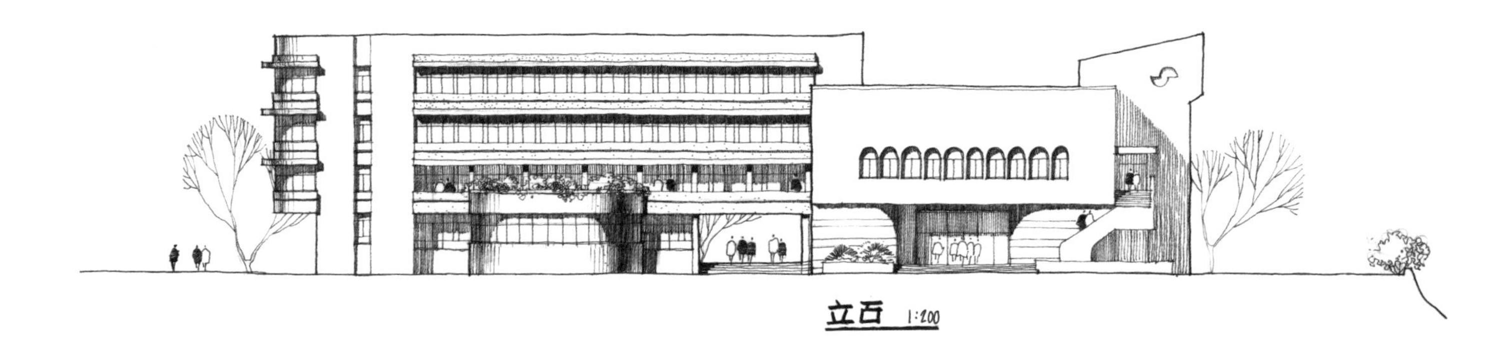
立面 1:200

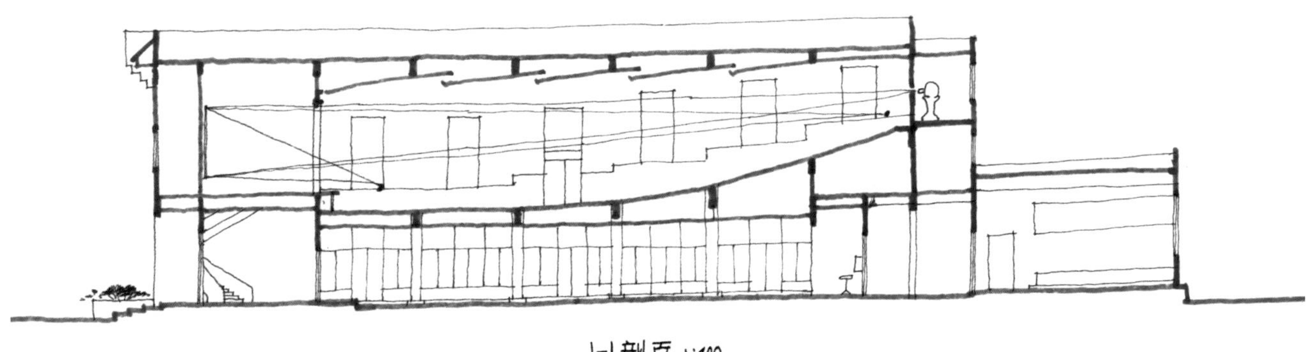

1-1剖面 1:200

工院学生俱乐部
景观设计 86.11.

交谊厅

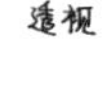

透视

内院

展览厅

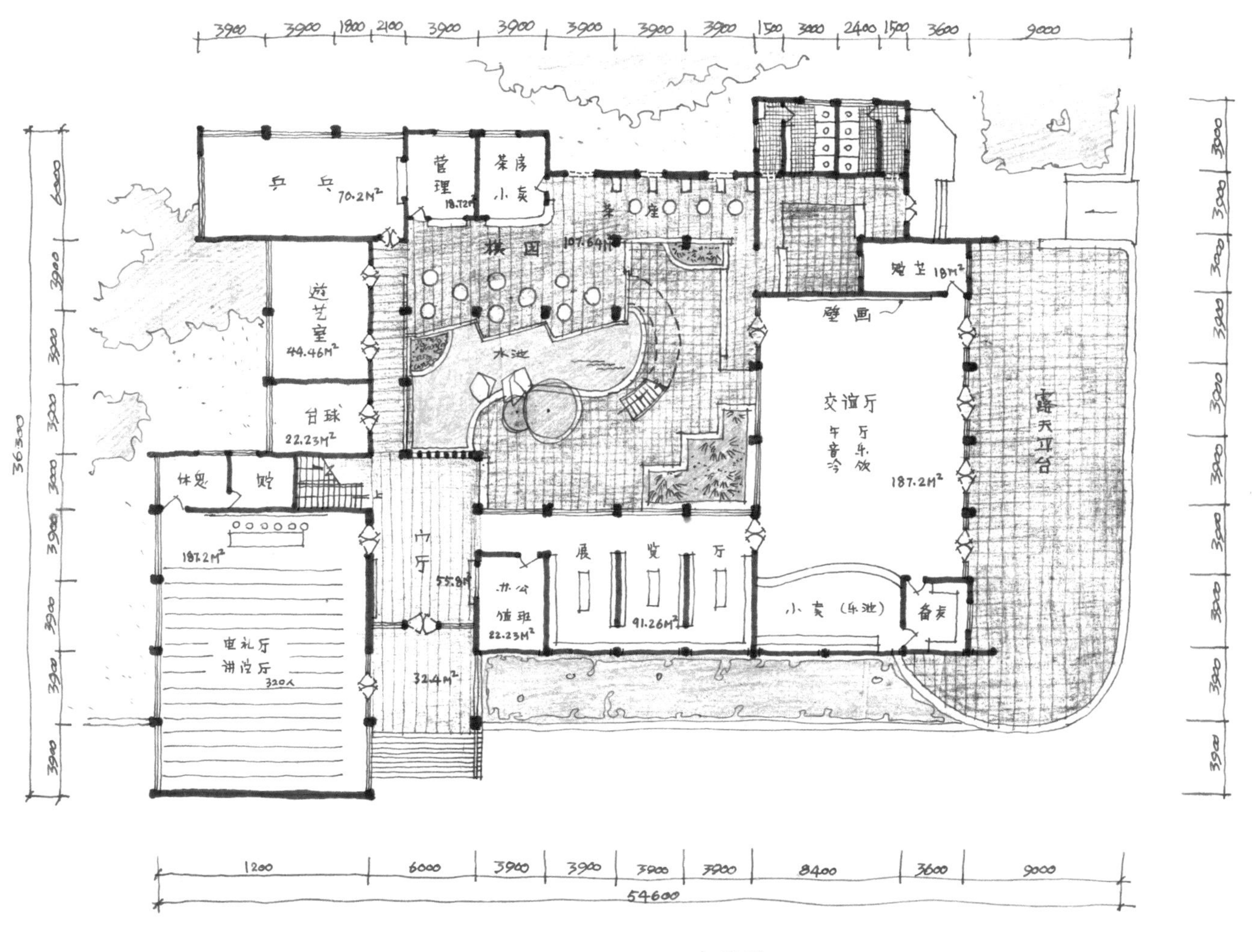
乒乓 70.2M²
管理 18.72M²
茶房
小卖
棋园 107.64M²
游艺室 44.46M²
台球 22.23M²
休息
水池
壁画
交谊厅
午厅 音乐 冷饮
187.2M²
露天平台
展览厅 91.26M²
办公 值班 22.23M²
门厅 55.8M²
32.4M²
小卖（乐池）
187.2M²
电礼厅 讲演厅 320人
36300
54600

底层平面 1:200

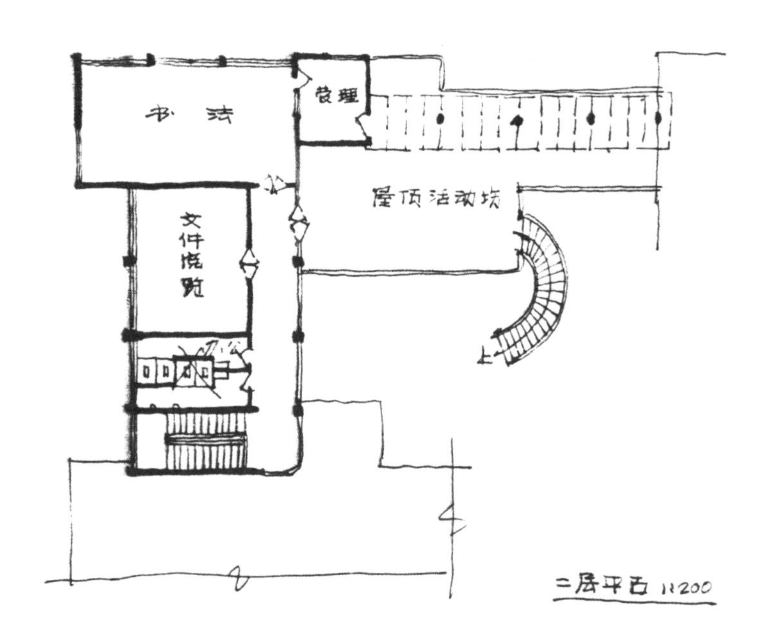

说明.

总建筑面积：1051.21M²（按轴线设标）

层　　高：大会议室. 4.5M
气功室. 4.5M.
其余. 3.3M

结　　构：砖混.

装　　修：外墙. 白色喷涂.
正面及内庭四周一律古铜色铝合金门窗茶色玻璃. 其余木门窗.
地坪：

示)

铜色
木门

综合楼

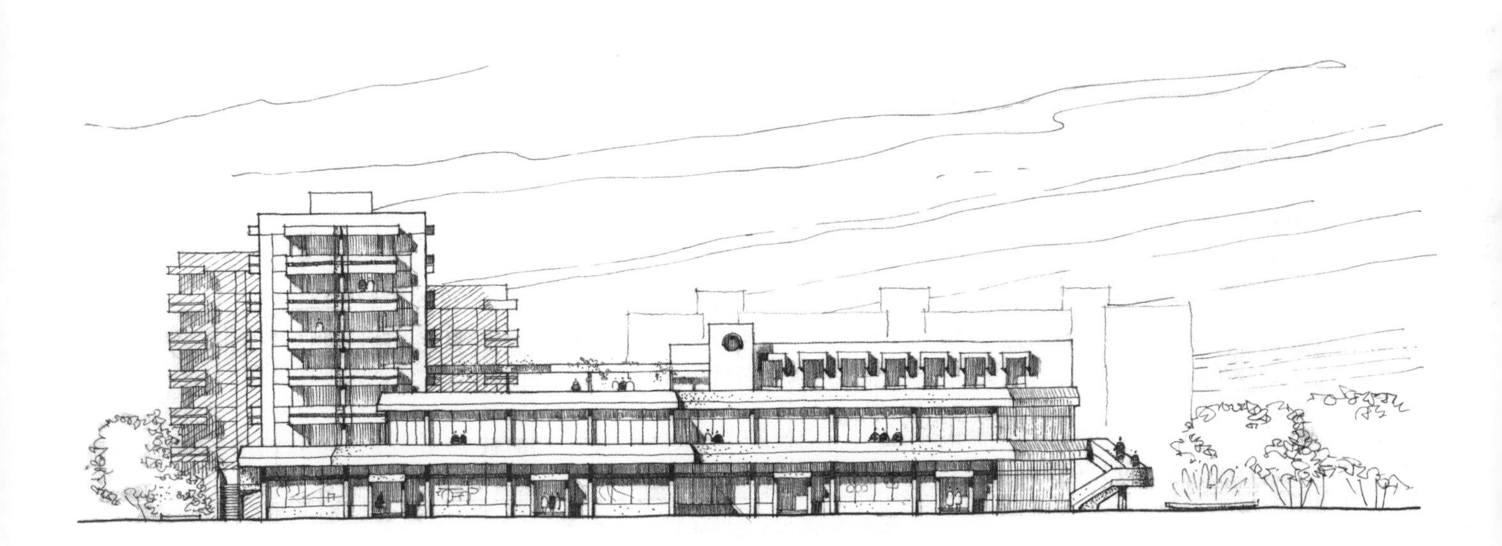

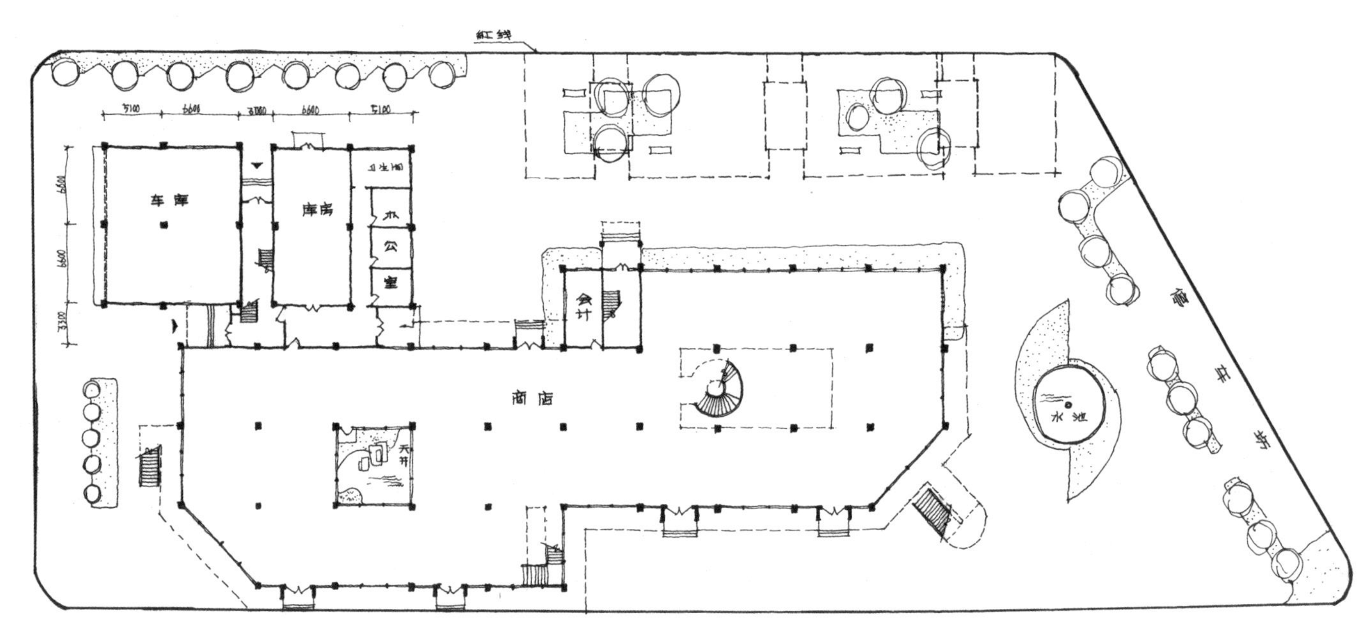

底层平面 1:200 商店柱网 6600×6600

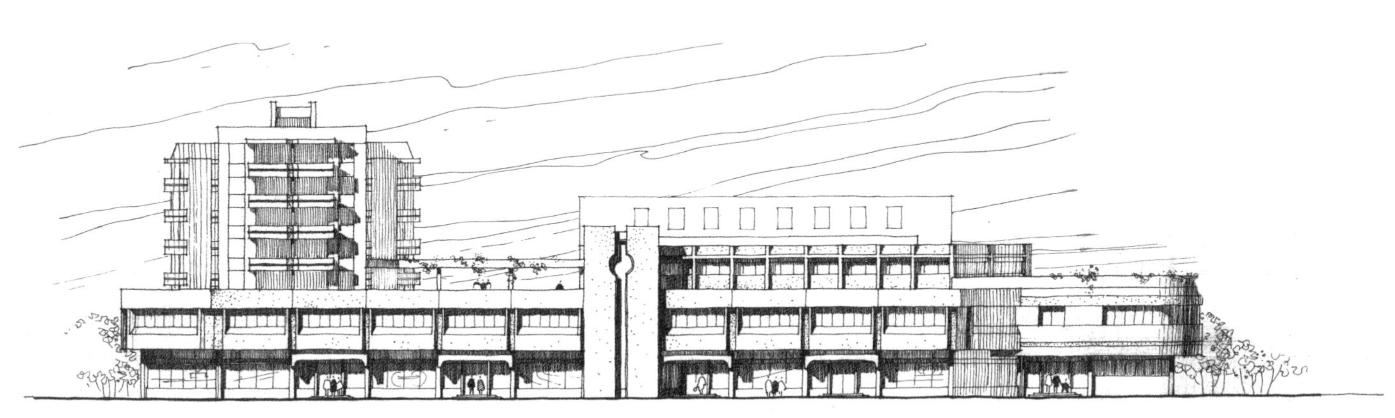
沿街立面 1:200

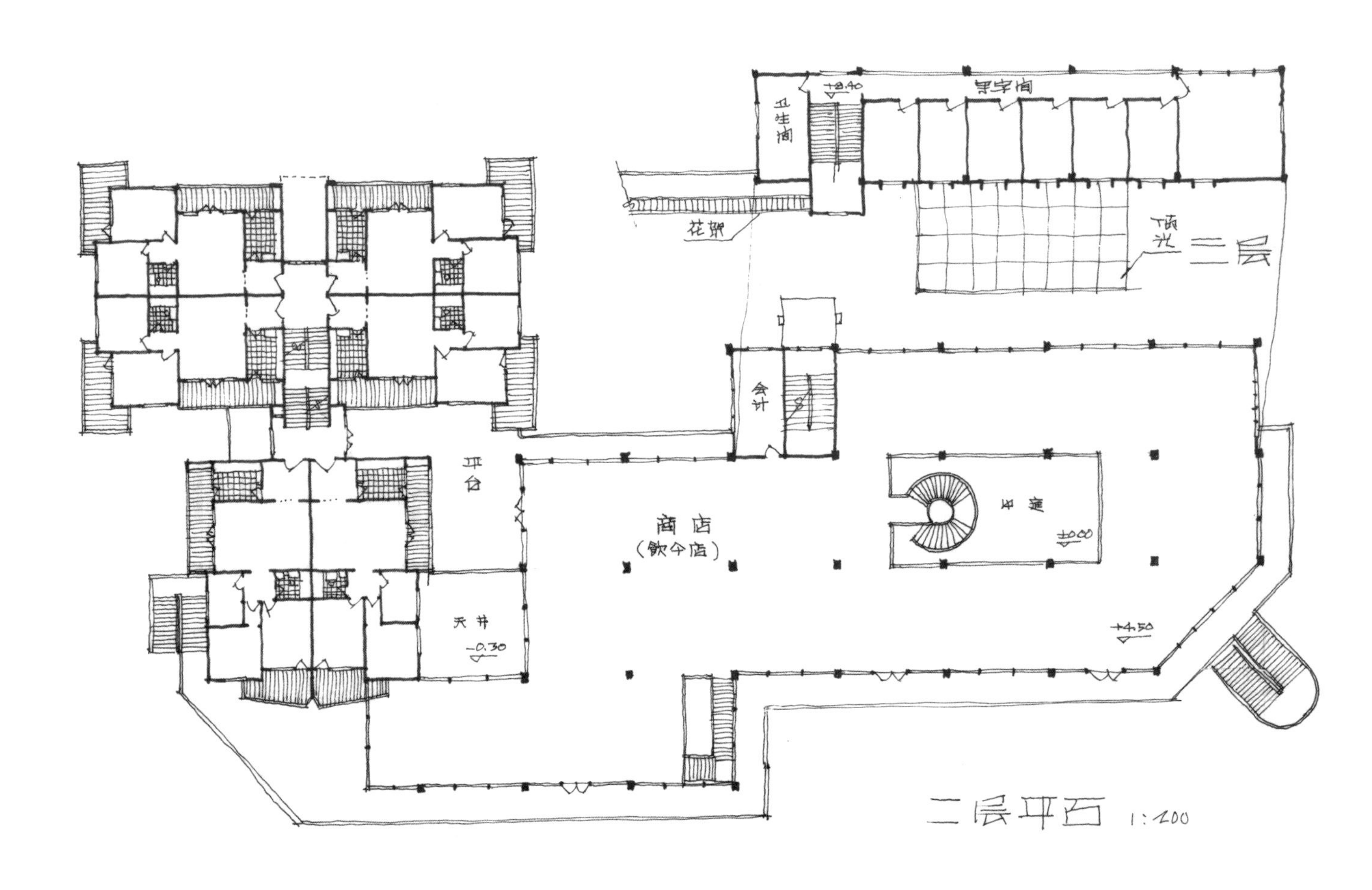
+8.40
写字间
卫生间
花架
顶光
二层
会计
平台
商店
中庭
±0.00
天井
-0.30
+4.50
二层平面 1:100

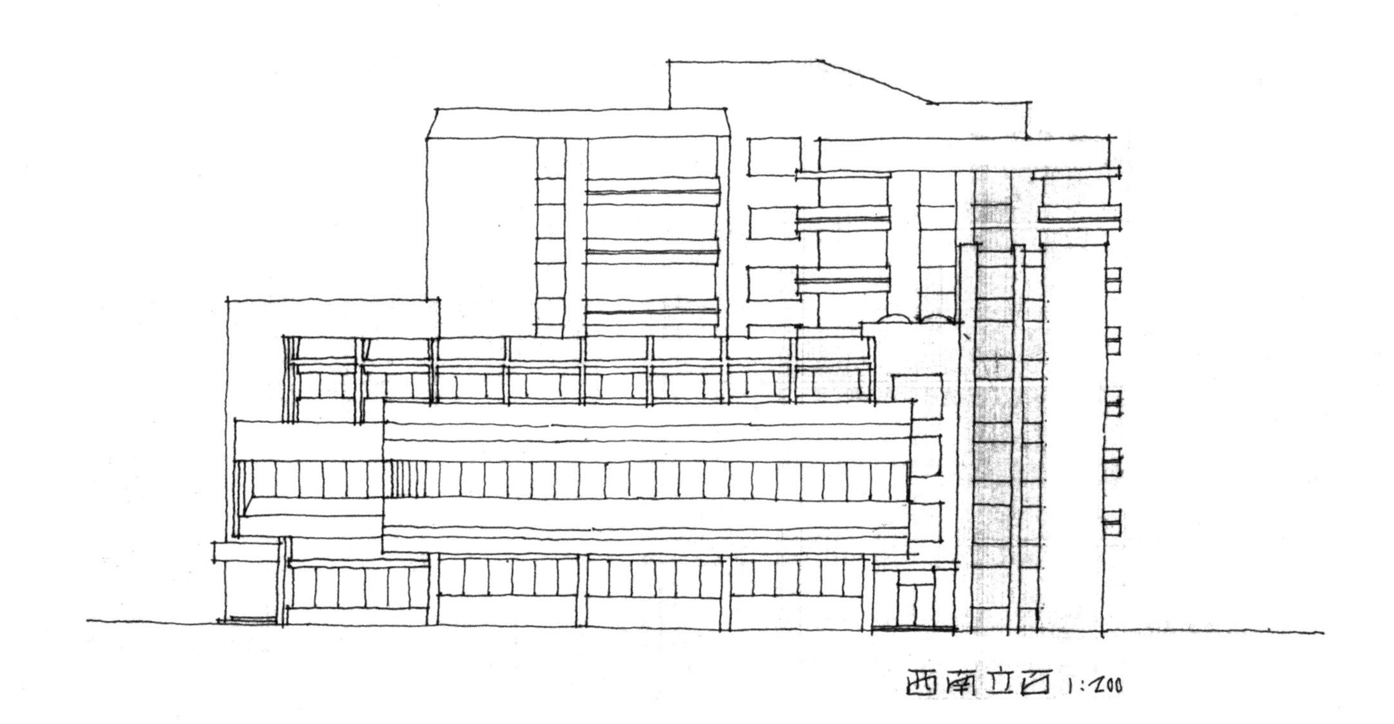
西南立面 1:200

水粉手绘

建成建筑

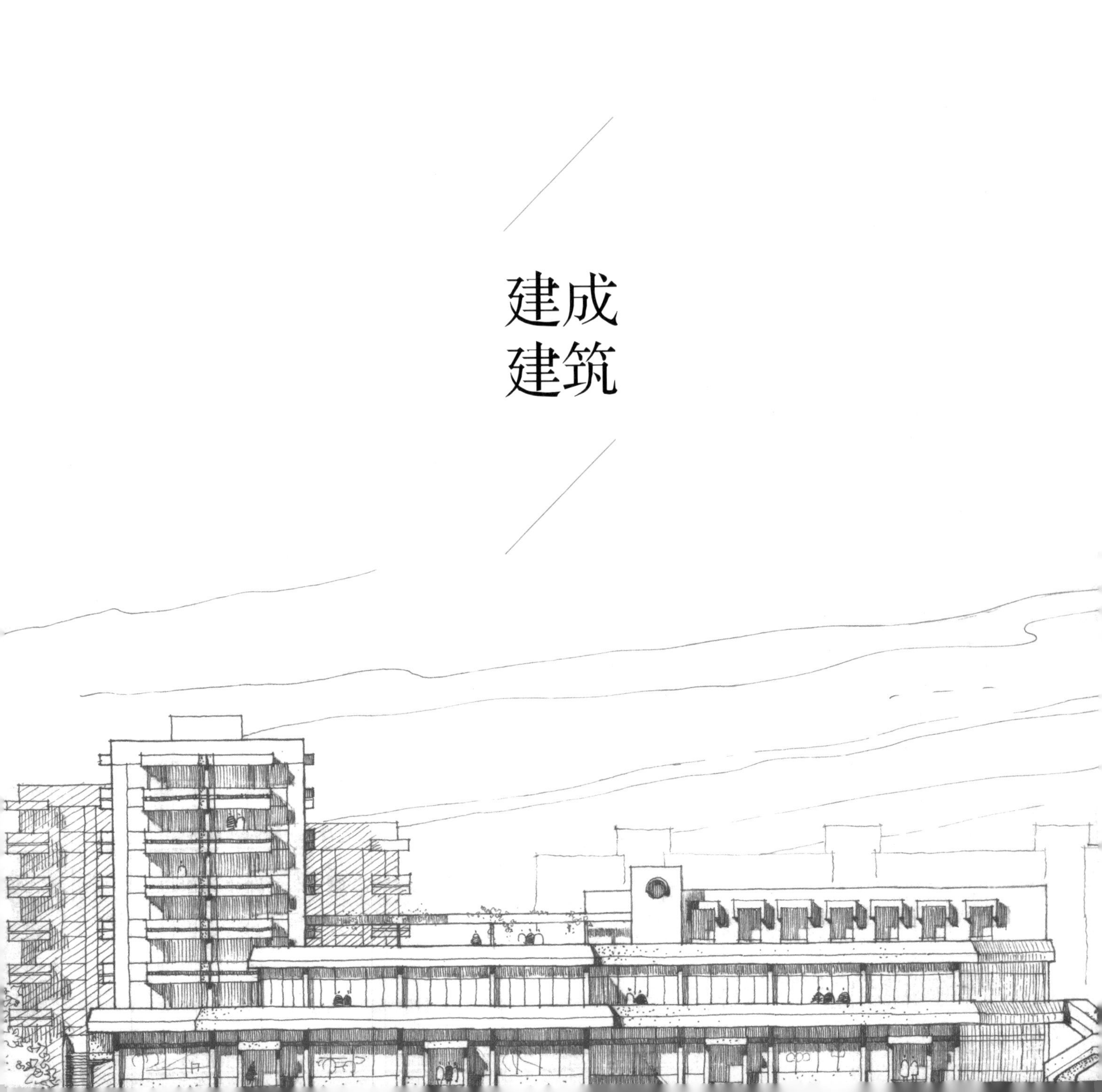

成都家园国际酒店

成都家园国际酒店

成都科技大学城环大楼（现为四川大学国家双创示范基地）

四川大学国家双创示范基地
高新技术企业孵化平台

安顺市中国农业银行

安顺市某综合楼

安顺市某宾馆

安顺市某宾馆

贵州工学院图书馆

贵州工学院教学主楼

贵州工学院食堂

贵州工学院中的新华书店

贵阳铁路局招待所

遵义中国人民保险公司办公楼

雷老师访谈记录

访谈者：周　波　赵　炜　丑国珍
地　点：望江校区雷老师住宅
时　间：2023 年 9 月 7 日

赵　炜：雷老师，我把您的作品《雷永忠建筑创作选》初稿的电子版送给母校（重庆建筑工程学院，现重庆大学）建筑系主任龙灏老师看了。龙灏老师做过不少优秀校友的口述历史，他很有经验。

龙灏老师看了《雷永忠建筑创作选》后，认为很好。他建议把川大建筑系建系的那段历史补充到书里面，使内容更加充实。那我们现在就来摆点原来的老龙门阵，形成一个简单的历史回顾。因为您是创系的系主任，这段创系经历对您和建筑系都是非常重要的，而我是 2018 年年底才来四川大学建筑系任职的，对本系的初创历史完全不了解。周波老师参与了建系的过程，对相关情况比较清楚。丑国珍老师那时还是学生，好多情况应该了解得不够深入。今天他俩都在这儿，我们也在一个轻松的氛围里面随便聊聊，争取帮您多回忆起一些往事。

雷老师：这段历史很不容易，我来成都主要还是因为达昭。当时我不是在贵州工学院工作嘛，达昭是贵州工学院的副校长，他跟以前的一些领导都很熟。达昭跟我关系很好（我这个人跟很多人的关系都很好，好像自然而然地就很好了），那时他专门负责大学里面的人事关系。他找到我，他说你要回成都的话赶快，我说好嘛。我正在想办法申请的时候他已经把调动的事都沟通好了，就喊我写材料了，这样子我才写了些材料调到成都来的。

我是“老成都”，一提到我的名字，川大很多人都认识我，一说起雷永忠，他们都觉得这个人不错，要调进来。那时候学校的名字还叫科大（成都科技大学），后来合并到川大了。到了科大以后，学校成立了建筑系，之后我就一直在系里工作了。

赵　炜：当时您邀请了哪些人来当同事，一起来办学？

周　波：雷老师是第一个到川大来的，这是我了解的，不一定说得对。后来，雷老师又把蒋国权和饶家渝两位老师引进来，他们一位在城乡干校工作，另一位在部队上工作。饶老师是在部队（武警干校）工作的。雷老师把他们两位接到学校一起组成了一个团队，跟着又引进了我、张鲲、林武国这批年轻教师。雷老师是科大建筑系当之无愧的创始人。

赵　炜：当时是在哪里办学呢？

周　波：就在科大原来的校址，当时只有几个人。最早我们还在工棚里面上过课。

丑国珍：那时候我们系没有自己的教学楼，教学楼是雷老师来了以后设计、修建的。

雷老师：那个时候是白手起家，啥都没有。当时办学很困难，我们系的教室都是租的，学校有空的教室我们就租来用。

赵　炜：当时还要付租金吗？

雷老师：要付租金。

赵　炜：设计、修建城环大楼的事可能要请雷老师说一下，当时是怎么回事？

雷老师：当时系上能够从学校获得的支持很少，我还兼着给土木工程专业的学生上课。实际上，那时读书的学生都不理解，以为我们老师把这笔钱"吃"了，其实没有。为此，我们老师还专门去给学生解释，学生才清楚办学的费用是根据学生的人数来计算的，所以说是很少的。而且，我们还要组织他们出去实习，特别是美术实习都是到外地去实习的。当时我还是出了很多力的，我在外面搞设计收些费用（因为刚刚来的老师不会搞设计）。我记得当时有很多东西（设计）都是我争取到的，而且设计费我只收取了3%，其他都给学校了。学校设计院把我的设计费拿了一部分给我用来办学。当时，我们的教室租金都是我们自己付的。

周　波：当时系上购置各种图书、设备都是用的雷老师的创收，创收的方式主要有两种：一是办班（培训班），二是做设计。当时系上艰难到哪种程度呢，我们连一个报告厅都没有。

雷老师：所以说，我们能够把学生的教室搞好，能够让他们出去实习，这些费用实际上都是我们自己想办法解决的，所以当时是比较困难的。

赵　炜：当时学校名称是成都科技大学，那时既然是这样一种状况，为什么要办建筑系呢？您觉得学校的办学目的是什么呢？

周　波：我接着雷老师说一点，当时四川盆地里两个大的城市，一个是成都，另一个是重庆，当时开设了建筑专业的学校几乎都在重庆。雷老师当时把我调过来也是这个原因，成都这边开设了建筑专业的学校很少。但是成都要发展，所以省建委和市建委就非常关注这方面，实际上如果长期跑到重庆去要人（雷老师他们都是亲自到重庆的设计院去要人）也不是很好。

赵　炜：（办建筑专业）是时代需求。

赵　炜：雷老师，我把您在大学（重庆建筑工程学院）里读书的花名册找到了，这是我拜托龙灏主任找到的，我才晓得您是崇庆的。看，上面显示您的号（学号）是 1204 号，姓名雷永忠，18 岁，崇庆县（现崇州市），我才晓得您籍贯是崇州的。还有您的专业，房屋建筑学专业，本科，一年级乙班。

雷老师：对对对，两个班，一个甲班一个乙班。甲班出了一个白日新，也是很有名的。甲班白日新，乙班雷永忠，我们两个关系是最好的，现在都是很好的。

赵　炜：那位老先生还在？

雷老师：他比我大 8 岁，他还在，而且他现在还骑自行车，我说我路都走不得咯，他还可以骑自行车。

赵　炜：我们当时创立建筑系的时候，很多老师都是从重建工（重庆建筑工程学院）来的，您说的蒋老师和饶老师也都是重建工毕业的，有没有请重建工和其他知名大学的老师过来讲学？

雷老师：有，多得很。当时办学很困难。我们请过一位清华大学教美术的老师——华宜玉。她说我们学校跟其他学校不一样，老师们都很团结。当时还真是这样的，我觉得川大建筑系的成功创办跟这个有很大的关系。

周　波：当时，雷老师通过他的人脉邀请了好多重建工的校友过来讲学，有周继中、魏燕明，市设计院的张新崇，重建院的系主任吴德基，还有符宗荣。我记得雷老师当时邀请吴德基来讲学的时候我们系连个车都没有，饶老师还是坐着偏三轮去接的他。

丑国珍：还有一个女老师，带过我们的“居住区规划”课。

周　波：赵天慈。他们好多都是雷老师的师弟师妹，都带过学生的课。

丑国珍：我们给排水专业也是请了一位老师，但我记不起名字了，我其实对请来教学的这几位老师印象还特别深。

周　波：赵天慈老师后来到交大（西南交通大学）去了。

雷老师：她其实是想到我们这里来的，当时我们调人进来还是有些困难。我们连教室都要去租。

赵　炜：租教室的经费是从哪里出的呢？

雷老师：我们自己想办法，主要还是靠自己创收（做设计）。

丑国珍：我记得在服装专业的那个楼里，校园最靠西端很偏的一个位置，我们在那儿上了一年多的课。那栋楼现在都还在。我们最开始在普通的桌子上画图，后来系上给我们配了专业制图桌。

雷老师：我们买来木材，林武国来设计的。桌子、家具，很多东西是我们自己搞的，本来是没有的。那时图书资料也几乎没有，后来到重建工把一些东西（资料）重新翻译出来。当时我喊林武国去印了很多。

周　波：雷老师当时就安排我，把他们（重建工）的作业和上课的这些（资料）全部复印，最后整了一个大箱子拉回学校的。

赵　炜：我看学校校园建筑有不少的工程设计图、蓝图、底图都是您画的，签的您的名字。当时还有哪些人在搞设计呢？您是单枪匹马还是有助手，跟着您一起来做这件事情？

雷老师：我呢，一年四季就坐在画板和桌子前，我喜欢搞设计。当时，学校里年龄大的老师没有怎么搞过设计，年轻的老师帮我搞过一下，画画草图，其他的基本上就没有了。

周　波：另外，雷老师带着我跑过同济大学、东南大学，还有福建的厦门大学、福州大学、华侨大学，主要是看看人家是如何办学的。我们整个调研了一圈就是为了办建筑系，雷老师都是亲自带队去学习取经的。

赵　炜：丑老师，你作为雷老师的第一届学生，还有什么问题？

丑国珍：今天来雷老师这里交流，很多信息对我来说都是“新鲜”的。今天交流的内容，比如周波老师说到的很多事情都是我之前不知道的。我也说一下当年我作为学生的感受，它（建筑系）的成长和变化过程恰恰是我所看到的。我们一到学校就知道我们是第一届，然后就听说我们系的教学大楼已经在设计了。最开始，我们没有固定上课的地方，好多时候都在那些偏远的非正式教学楼里。我们住的地方离上课的地方有点远，我们还在制图板上装一个门拉手，方便骑车时一只手提着图板，另一只手扶着车把。

最后，城环大楼建出来的时候非常振奋人心，有电梯……我们最开始读书的时候，学校连公用电话都少有，有电梯真正是一个很大的进步。城环大楼还有那么美的一个庭院，大楼的西边有一个架空层，夕阳照射到庭院里很美。那时候，我们也有专门的绘图桌子了，跟其他专业学生的课桌不一样，是林武国老师特别设计过的。我个人感觉到建筑系一直在成长，内心感受到的是特别积极的部分。我有幸见证了建筑系从无到有的过程，对我们年轻人来说是很受益的。

今天，我更加了解了建筑系的创系过程，才知道建筑系初创时的顺利与雷老师那一批老师的无私付出紧密相关。老师们的无私奉献精神对我们产生了潜移默化的影响，一定会让我们受益终身。

后记

本书对雷老师的设计作品进行了收集、整理，书中的设计图与照片均来自雷老师的个人收藏，且设计图以手稿为主。书中收录的较为完整的设计图主要源于雷老师退休以后的作品，较早时期的一些设计图，如贵州工学院的校园规划图和部分校园内的建筑设计图，以及后期的代表性建筑——成都家园国际酒店的方案设计图都已经散失，鉴于此，本书只收录了这些建筑建成以后的照片。在雷老师退休40年后，我们偶然发现了已经泛黄且薄脆的硫酸纸手稿，手绘的精美线条跃然眼前，当下意识到这些残图是对那个逝去年代的中国建筑珍贵的记忆留存，因此，即便它们残缺不全，也值得我们收录在书中让更多后来者看见。

雷老师毕业于重庆建筑工程学院（现重庆大学），先后在贵州工学院（现贵州大学）、成都科技大学（现四川大学）工作，两次工作均正逢学校建筑系初创，雷老师都是建筑设计的担当。雷老师在贵州工学院工作期间，在没有任何既成建筑可以参考借鉴，也没有前人带领的情况下，逐步形成了个人独特的建筑风格。雷老师的设计作品在建筑形式上具有现代主义建筑特征，表现出与时俱进的设计追求；但在建筑空间中却能够让人感受到中国传统建筑的魅力，深深触及中国传统文化的审美意识。在雷老师诸多建筑作品中可以看到，其对中国传统建筑特征的表达不是以传统建筑形式作为符号建立与传统建筑在语义上的关联，而是侧重于空间秩序的建构，通过庭院将自然穿插在建筑空间中，以身体在空间中游移感知引导空间秩序建构，这与中国传统园林的空间营造手法具有一致性。以成都科技大学城环大楼为例，它是一栋四面围合的内院式建筑，在建筑的四个方向尤其是东、西两端有不同的设计处理形式。当我们着眼于中部庭院时，能够体会风、光、雨等自然元素在四季交替与昼夜转换的不同感知所做出的设计回应。从不同的方向进入大楼，在不同的空间位置，会有不同的空间体验。我至今仍记得当年下课时，同学们聚集在围绕庭院的走廊上聊天嬉笑与西边落日余晖倾洒在中部庭院绿植上形成的独特光影，构成了人与景、时间与空间、不同情景之间的交融，这也成为我在读书时期校园中最有诗意的空间记忆。这种空间记忆在雷老师退休后的设计作品——青城山月沉山庄的设计中表达得更为清晰和纯粹（详见《风景建筑中的“道法自然”》）。雷老师在月沉山庄设计方案的手稿上写下了诗句：“歌午庭前情切切，荷塘深院月沉沉。”建筑已成为诗，成为中国文化的一个重要组成部分。现代文化与传统文化之间的矛盾调和是 20 世纪中国建筑设计避不开的问题，雷老师面对这一问题的处理方式之于20世纪的中国建筑设计来说是少见且独到的。这得益于雷老师职业生涯期间孤立的时空环境给予了他独自探索的空间，更源于老师不计名利对建筑单纯的热爱。

学生时代，我们常常到雷老师家中做客，与雷老师聊天。他不仅给我们分享专业知识，更重于传递做人的道理。毕业后，我们仍然保持了春节期间去雷老师家做客的传统。在过往岁月里，聆听老师讲述的人生故事。如今随着岁月流逝，老师人生经历中那些宝贵的精神财富已沁入学生的生命之中，这些故事也从最初的“老师的人生故事”到与我们自己人生经历交织共鸣，成为学生真实的人生经验。再回首，感慨万千！

编 者

2023.8.31

每次看望老师后，总感觉内心温暖和熙，一如当年；先生温润如玉，其人、其学、其作，莫不如此。

建筑系首届（1989 级）学生——陈波

一心为公爱中有，寓教于乐师亦友。
营造匠心成于意，桃李天下自成蹊。

建筑系首届（1989 级）学生——冯曦蓉

第一次较完整地看到雷老师的履历与部分作品，看到恩师在那个时代中工作生活的奋斗足迹，更看到恩师身上那种质朴率真、优雅雍和的品格在作品的一笔一画中描摹出来，如同我们当初和现在一直所看到的。愿这样的美好回忆和温暖激励长存！

建筑系首届（1989 级）学生——李强

《筑梦集》展示的是雷教授的一件件作品，细细品来，更彰显了一个建筑师的深厚功力和独到匠心！从这些作品中，我仿佛又感受到当年老教授的睿智、宽厚、包容、创作激情；很遗憾毕业后没有更多机会聆听老师的教诲。

建筑系首届（1989级）学生——李洪伟

我们今天从事建筑设计，根在成都科大，这里是我们梦开始的地方，雷老师就是那位领路人。《筑梦集》里老师的创意构思与感悟火花都让我倍感亲切，仿佛又回到了大学时代，耳边再次响起老师的谆谆教诲。

建筑系首届（1989级）学生——周良健

筑梦蓉城心自在，
垦荒川大绘蓝图。
无言桃李香天下，
不问功名不问途。

建筑系首届（1989级）学生——杨玲

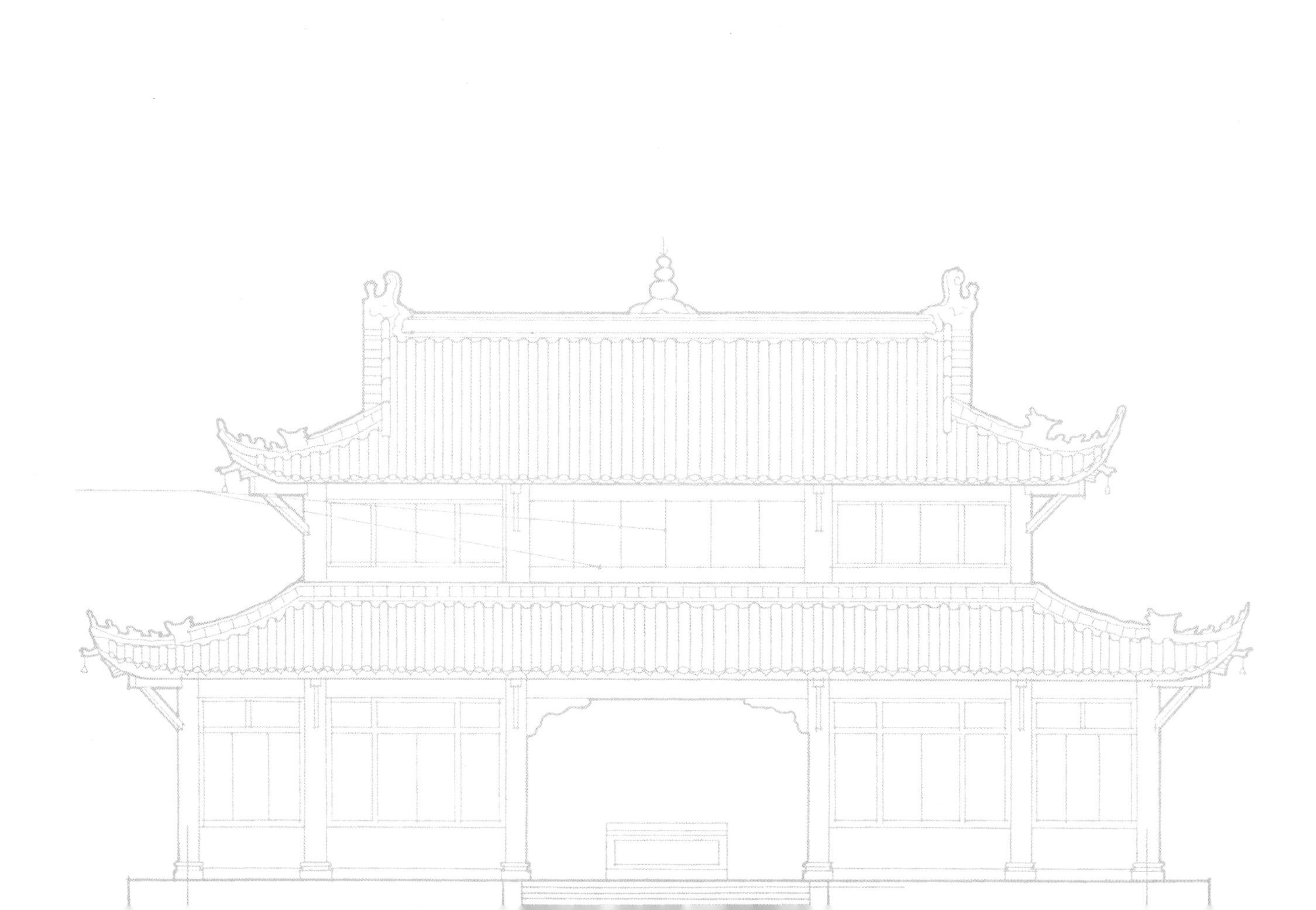